———————— 典型元素 ————————

| 10 | 11 | 12 | 13 | 14 | 15 | 16 | 17 | 18 |
|---|---|---|---|---|---|---|---|---|
| | | | | | | | | $_2$He 4.002602 $1s^2$ |
| | | | $_5$B 10.811 $2s^22p$ | $_6$C 12.0107 $2s^22p^2$ | $_7$N 14.0067 $2s^22p^3$ | $_8$O 15.9994 $2s^22p^4$ | $_9$F 18.9984032 $2s^22p^5$ | $_{10}$Ne 20.1797 $2s^22p^6$ |
| | | | $_{13}$Al 26.981538 $3s^23p$ | $_{14}$Si 28.0855 $3s^23p^2$ | $_{15}$P 30.973761 $3s^23p^3$ | $_{16}$S 32.065 $3s^23p^4$ | $_{17}$Cl 35.453 $3s^23p^5$ | $_{18}$Ar 39.948 $3s^23p^6$ |
| $_{28}$Ni 58.6934 $4s^23d^8$ | $_{29}$Cu 63.546 $4s3d^{10}$ | $_{30}$Zn 65.409 $4s^23d^{10}$ | $_{31}$Ga 69.723 $4s^23d^{10}4p$ | $_{32}$Ge 72.64 $4s^23d^{10}4p^2$ | $_{33}$As 74.92160 $4s^23d^{10}4p^3$ | $_{34}$Se 78.96 $4s^23d^{10}4p^4$ | $_{35}$Br 79.904 $4s^23d^{10}4p^5$ | $_{36}$Kr 83.798 $4s^23d^{10}4p^6$ |
| $_{46}$Pd 106.42 $4d^{10}$ | $_{47}$Ag 107.8682 $5s4d^{10}$ | $_{48}$Cd 112.411 $5s^24d^{10}$ | $_{49}$In 114.818 $5s^24d^{10}5p$ | $_{50}$Sn 118.710 $5s^24d^{10}5p^2$ | $_{51}$Sb 121.760 $5s^24d^{10}5p^3$ | $_{52}$Te 127.60 $5s^24d^{10}5p^4$ | $_{53}$I 126.90447 $5s^24d^{10}5p^5$ | $_{54}$Xe 131.293 $5s^24d^{10}5p^6$ |
| $_{78}$Pt 195.078 $6s4f^{14}5d^9$ | $_{79}$Au 196.96655 $6s4f^{14}5d^{10}$ | $_{80}$Hg 200.59 $6s^24f^{14}5d^{10}$ | $_{81}$Tl 204.3833 $6s^24f^{14}5d^{10}6p$ | $_{82}$Pb 207.2 $6s^24f^{14}5d^{10}6p^2$ | $_{83}$Bi 208.98038 $6s^24f^{14}5d^{10}6p^3$ | $_{84}$Po [209] $6s^24f^{14}5d^{10}6p^4$ | $_{85}$At [210] $6s^24f^{14}5d^{10}6p^5$ | $_{86}$Rn [222] $6s^24f^{14}5d^{10}6p^6$ |

| $_{63}$Eu | $_{64}$Gd | $_{65}$Tb | $_{66}$Dy | $_{67}$Ho | $_{68}$Er | $_{69}$Tm | $_{70}$Yb | $_{71}$Lu |
|---|---|---|---|---|---|---|---|---|
| 151.964 | 157.25 | 158.92534 | 162.500 | 164.93032 | 167.259 | 168.93421 | 173.04 | 174.967 |
| $6s^24f^7$ | $6s^24f^75d$ | $6s^24f^9$ | $6s^24f^{10}$ | $6s^24f^{11}$ | $6s^24f^{12}$ | $6s^24f^{13}$ | $6s^24f^{14}$ | $6s^24f^{14}5d$ |

| $_{95}$Am | $_{96}$Cm | $_{97}$Bk | $_{98}$Cf | $_{99}$Es | $_{100}$Fm | $_{101}$Md | $_{102}$No | $_{103}$Lr |
|---|---|---|---|---|---|---|---|---|
| [243] | [247] | [247] | [251] | [252] | [257] | [258] | [259] | [260] |
| $7s^25f^7$ | $7s^25f^76d$ | $7s^25f^86d$ | $7s^25f^96d$ | $7s^25f^{10}6d$ | $7s^25f^{11}6d$ | $7s^25f^{12}6d$ | $7s^25f^{13}6d$ | $7s^25f^{14}6d$ |

化学サポートシリーズ

編集委員会:右田俊彦・一國雅巳・井上祥平
岩澤康裕・大橋裕二・杉森　彰・渡辺　啓

# 図説 量子化学
― 分子軌道への視覚的アプローチ ―

東北大学名誉教授
理学博士
大野公一

和歌山大学教授　　　東北大学准教授
博士(理学)　　　　　博士(理学)
山門英雄　　　岸本直樹

共著

東京 **裳華房** 発行

# Pictorial Approach to Molecular Orbitals in Quantum Chemistry

by

Koichi Ohno, Dr. Sci.
Hideo Yamakado, Dr. Sci.
Naoki Kishimoto, Dr. Sci.

SHOKABO

TOKYO

## 「化学サポートシリーズ」刊行趣旨

　一方において科学および科学技術の急速な進歩があり，他方において高校や大学における課程や教科の改変が進むなどの情勢を踏まえて，新しい時代の大学・高専の学生を対象とした化学の教科書・参考書として「化学新シリーズ」を編集してきました．このシリーズでは化学の基礎として重要な分野について，一般的な学生の立場に立って解説を行うことを旨としておりますが，なお，学生の多様化や多彩な化学の内容に対応するためには，化学における重要な概念や事項の理解をより確実なものとするための勉学をサポートする参考書・解説書があった方がよりよいように思われます．そこで，このために「化学サポートシリーズ」を併行して刊行することにしました．

　編集委員会において，化学の勉学にあたって欠かすことのできない重要な概念，比較的に理解が難しいと思われる概念，また最近しばしば話題になる事項を選び，テーマ別に1冊（100ページ程度）ずつの解説書を刊行して，読者の勉学のサポートをするのが本シリーズの目的であります．

　本シリーズに対するご意見やご希望がありましたら委員会宛にお寄せ下さい．

1996年5月

編 集 委 員 会

# はじめに

　化学現象は物理学の基礎理論である量子力学と関係しているため，量子力学の基礎方程式として知られるシュレーディンガー方程式を化学の諸問題に適用する量子化学が，化学においてきわめて重要な分野となりつつある．しかしながら，シュレーディンガー方程式は微分方程式であり複素数や固有値問題なども関係するため，初学者は数式の扱いに戸惑うのみならず，数式から導かれることの化学的な意味や物理的意味を明確に把握することに困難を感じることが多い．また，20世紀の前半に，原子価結合論や分子軌道論に基づく化学結合論がポーリングやマリケンらによって基礎付けられ，多くの教科書で現在も広く教えられているが，20世紀の後半には，ウッドワード・ホフマン・福井らの分子軌道論やファインマンの静電定理に基づくベイダーらの軌道力理論の発展，さらには，ポープル・コーンらの量子化学計算法の開発と普及，実験の分野でもシーグバーン・ターナーらの光電子分光法の開発と普及があり，20年前と変わらない内容の教科書では対応できない化学結合論の新しい発展が多数ある．

　本書は，電子の軌道運動やエネルギー準位のイメージを利用しながら，化学元素の性質の由来や化学結合の仕組みをしっかりと学んでみようという人のために，化学サポートシリーズの1冊としてまとめた本である．高校レベルのことにも説明を加えながら話を進めるので，予備知識がやや不足していても，化学現象の基本を高いレベルで理解できるようになるであろう．また，最新の化学結合論を平易にかみ砕いて述べるので，20世紀後半の化学結合論の発展をまだ知らずにいる人にも，直観的で威力に満ちた新しいアプローチの魅力と効力を満喫し，活力に富む新概念として身につけていただけるであ

ろう．

　本書の第 1 章では，原子や分子中の電子軌道（オービタル）及びその求め方について重要な基礎事項を簡潔に説明した．後続の章では，原子軌道や分子軌道の図形表示法にふれたのち，比較的簡単な十数個の分子について分子軌道計算を行った結果を各分子軌道の電子密度図として図示し，またその分子軌道の構成についての定性的な説明を行った．なお，本書の範囲をやや越えるが読者の参考になるであろうと思われることを「Coffee Break」として導入した．また，第 1 章では，予備知識を身につける助けになる問題を導入した．

　分子軌道計算には Gaussian 社から市販されている計算プログラムを使用し，その結果の描画は研究室で作製したプログラムを使用して行った．基底関数としては，計算精度よりも解釈上の簡明さを優先して STO-3G 基底を使用した．今日では，パーソナルコンピューターを用いて分子軌道計算が広く行われるようになってきており，多方面の方々が実際に自分で分子軌道計算を行う機会が今後益々増えてくるであろう．本書が分子軌道法及び量子化学に親しむきっかけの一つになれば幸いである．

　本書が完成するまでには多くの方々の援助があった．東京大学において分子軌道描画プログラムの開発に貢献していただいた武藤秀樹，松本節夫，石田俊正，伊藤幸紀，田村達朗，勝呂隆之の各氏，また，東北大学においてプログラムを改良し図を作製していただいた小川哲司，山多利秋，星野重男，髙田篤，大下慶次郎の各氏に厚く感謝申し上げる．

2002 年 8 月

大　野　公　一
山　門　英　雄
岸　本　直　樹

# 目　次

## 第1章　原子軌道と分子軌道

- 1・1　電子と原子核　2
- 1・2　原子中の電子　3
- 1・3　軌道関数と電子の波　11
- 1・4　軌道エネルギーの高低と電子の授受の周期性　19
- 1・5　電子波の干渉・変形と結合力　28
- 1・6　分子軌道の組み立て原理　36

## 第2章　原子軌道の図示
　　　　―水素原子の原子軌道関数―　45

## 第3章　分子軌道の組み立てと図示の基本　51

## 第4章　いろいろな分子の分子軌道

- 4・1　水素化リチウム（LiH）　58
- 4・2　フッ化水素（HF）　62
- 4・3　CHラジカル　65
- 4・4　$CH_2$ラジカル　69
- 4・5　OHラジカル　73
- 4・6　水（$H_2O$）　76
- 4・7　窒素（$N_2$）　79
- 4・8　一酸化炭素（CO）　82

viii　　　　　　　　目　次

　4・9　シアン化水素（HCN）　84
　4・10　アンモニア（NH$_3$）　87
　4・11　メタン（CH$_4$）　90
　4・12　アセチレン（HC≡CH）　92
　4・13　エチレン（H$_2$C=CH$_2$）　95
　4・14　ホルムアルデヒド（HCHO）　99
　4・15　ベンゼン（C$_6$H$_6$）　102

さらに勉強したい人たちのために　107
索　　引　109

```
┌─── Coffee Break ───┐
│  Ⅰ　分子軌道の化学的・数学的・物理的意味と
│     線形結合の基底関数　35
│  Ⅱ　軌道エネルギー準位と光電子スペクトル　44
│  Ⅲ　規格化条件と軌道関数の規格化　48
│  Ⅳ　電子分布の表示　50
│  Ⅴ　分子の構造を決めているもの　55
│  Ⅵ　分子軌道の空間分布　61
│  Ⅶ　1s軌道あれこれ　65
│  Ⅷ　ラジカル　68
│  Ⅸ　一重項と三重項　72
│  Ⅹ　分子軌道の名称について　75
│  ⅩⅠ　混成軌道　79
│  ⅩⅡ　固体のバンド構造　89
│  ⅩⅢ　構成粒子と波動関数　98
│  ⅩⅣ　分子軌道の世界　106
└────────────────────┘
```

# 第 1 章

# 原子軌道と分子軌道

　原子や分子において，電子はオービタルと呼ばれる軌道関数に従って飛び回っている．オービタルに収容された電子の挙動によって，それぞれの原子や分子の個性が生じ，様々な立体構造をもつ分子や面白い反応を演じる分子が生まれてくる．本章では，原子中のオービタルである原子軌道と分子中のオービタルである分子軌道について，その成り立ちと特徴を考えるための基礎事項について解説する．

## 1・1　電子と原子核

化学で扱う物質の基本は電子と原子核である．電子は素電荷と呼ばれる負の単位電荷をもち，原子核は原子番号と同じ大きさの正電荷をもつ．これらの電荷の間には電気的な力が働く．同符号の電荷どうしは互いに斥け合い，異なる符号の電荷どうしは互いに引きつけ合う．化学結合は，このような正負の電荷の間に働くクーロン（Coulomb）力が原因となって形成される．

化学現象では，電荷の働きが重要であるが，電子の働きがとりわけ重要である．その理由は，電子と原子核の質量の違いにある．電子の質量は，原子核と比べると無視できるほど小さい．一番軽い水素原子の原子核である陽子（プロトン）でも，電子のおよそ1800倍もの質量がある．このため，電気的な力を受けたときの動きやすさは，圧倒的に電子の方が大きく，原子や分子の世界では，原子核がほとんど動かないうちに電子が素早く動き回る．化学元素の特徴的な性質や化学結合の形成と組み替えなど，化学現象の基本となる事柄は，電子の振る舞いに支配されている．

図1·1のように，原子核AとBがある距離 $R$ だけ離れて存在しているとしよう．ここで1個の電子が2つの原子核の中央に割り込むと，電子は2つの原子核からクーロン引力を受けるが，逆にその反作用で電子が原子核AとBを中央に向けて引きつける．電子によって原子核に及ぼされるこのクーロン引力は，互いに反発し合う2つの原子核どうしの斥力よりも強く，これが化学結合の原動力となる．すなわち，正電荷が互いに反発し合う原子核どう

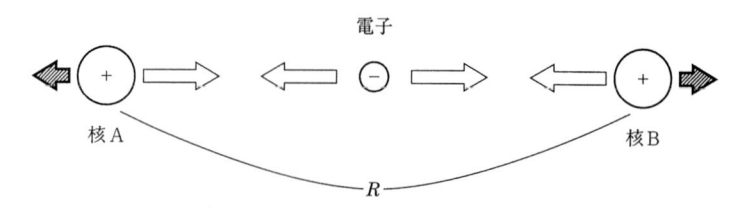

図1·1　2つの原子核と電子に働くクーロン力

しを接合する働きを電子が担うことによって化学結合ができるのである．

実際の化合物の世界では，電子がいつも原子核どうしの中央に割り込んで静止しているのではなく，素早く動き回っている．電子がどのように動き回るかによって，いろいろな原子や分子がそれぞれ特有の性質を示し，物質の世界はきわめて多様なものとなる．

**問1** 2つの陽子の中央に割り込んだ電子がそれぞれの陽子を中央に引き寄せる力と陽子どうしが反発する力とでは，どちらが何倍大きいか．

（ヒント）電荷の間に働くクーロン力は，電荷の大きさの積に比例し，電荷間の距離の2乗に反比例する．電子と陽子の電荷の大きさはどちらも単位電荷で同じであり，距離は陽子—陽子間が電子—陽子間の2倍になっている．

（コメント）身軽な電子が及ぼす効果は，思いの外大きい．

## 1・2 原子中の電子

化学結合や化学反応における電子の振る舞いを扱う前に，原子中の電子の振る舞いについて述べておこう．大ざっぱに言うと，原子の中心には原子核があり，その周囲を電子が飛び回っている．太陽の周りを地球や火星などの惑星が回っているのと似ている．これらの惑星は，ほぼ同じ平面上の異なる半径の軌道上を1年あるいは何年もかけて回っている．電子も軌道上を回っていると考えることができ，あとで見るように，いろいろな軌道があるが，目にも止まらぬ速さで素早く飛び回っていて，どこをどのように回っているかを追跡することはできない不思議な回り方をしている．

### 1・2・1 原子軌道の種類と電子殻

電子が原子核の周りでどのように運動するかを解き明かすことは，量子力学と呼ばれる学問によってなされた．それによると，電子の運動は，**主量子**

数（principal quantum number）と呼ばれる数 $n$（$n = 1, 2, 3$ などの自然数）と，s, p, d, f, g というアルファベットの文字の組み合わせで，分類することができる（表 1・1）。

惑星などの天体が運動する軌道（orbit）との類推から，電子の運動は電子軌道または**オービタル**（orbital）と呼ばれる。原子中のオービタルである**原子軌道**（atomic orbital, AO と略記する）は，上の分類に従って，1s 軌道（1s orbital），2s 軌道（2s orbital），2p 軌道（2p orbital）のように呼ばれている。原子軌道にはさらに細かな分類があり，K 殻（カク），M 殻などの各**電子殻**（electron shell）に属する原子軌道の総数は表 1・1 のように決まっている。

原子軌道には，エネルギー的特徴と立体的（空間的）特徴がある。エネルギー的特徴には，主に主量子数 $n = 1, 2, 3 \cdots$ 等が関係している。主量子数が小さい軌道ほどエネルギー的に安定していて，その軌道から原子の外へ電子を取り出すのに大きな仕事（エネルギー）が必要である。これは，主量子数が小さい軌道ほど原子核に近い距離のところを電子が動き回るという立体的特徴と関係している。原子軌道のエネルギー的特徴と立体的特徴との対応関係は，距離が近いほど電子と原子核とが互いに引き合うクーロン引力が大きくなることから理解できるであろう。このように，原子中の電子は，空間的に内側から外側へと，球状の殻をなして広がる傾向があり，主量子数 $n = 1, 2, 3, 4, 5$ に対して，それぞれ，K 殻，L 殻，M 殻，N 殻，O 殻という呼び名がつけられている。

表 1・1 原子中のオービタル（原子軌道）の分類

| 主量子数 | 電子殻 | 原子軌道 | 原子軌道の総数 |
| --- | --- | --- | --- |
| 1 | K | 1s | 1 |
| 2 | L | 2s, 2p | 4 |
| 3 | M | 3s, 3p, 3d | 9 |
| 4 | N | 4s, 4p, 4d, 4f | 16 |
| 5 | O | 5s, 5p, 5d, 5f, 5g | 25 |

## 1・2・2 原子軌道のエネルギー準位と空間分布

　原子軌道のエネルギー的特徴と立体的特徴の詳細は，量子力学の基本方程式である**シュレーディンガー方程式**（Schrödinger equation）から出発し，理論的な取り扱いを進めることによって求めることができる．原子軌道や分子中の電子軌道である**分子軌道**（molecular orbital, MO と略記する）のエネルギー的特徴と立体的特徴は，量子力学を化学の諸問題に適用しようとする理論化学者達の長年にわたる努力と熱意の賜物として築き上げられた**量子化学**（quantum chemistry）という学問によって解き明かすことができるようになった．現在では，量子化学の理論の詳細をほとんど知らない人でも，既製の量子化学計算プログラムをパソコンで利用して原子軌道や分子軌道を容易に求めることができるまでになっている．近年，最もよく普及しているガウシアン（Gaussian）社製の量子化学計算プログラムを用いて計算したXe原子の原子軌道の特徴を，図1・2～図1・4に示す．

　図1・2には，Xe原子中の原子軌道のエネルギーを，それぞれ水平線で表して示した．このようにしてエネルギーの高低を表したものをエネルギー準位図といい，水平線の1つ1つを**エネルギー準位**（energy level）という．この例のように，多くの原子の電子エネルギー準位は，低いものから順に / で区切って示すと，おおむね次のようになっている．

　　　　　　　　低 ←　　　　　　　　　　　→ 高
　　　/1 s/2 s/2 p/3 s/3 p/3 d/4 s/4 p/4 d/5 s/5 p/

なお，各原子軌道のエネルギーが負であることに注意しよう．電子が原子核から無限に遠く離れているときを基準にする（通常このように無限遠に離れたときのエネルギーを0とする）と，原子核の近くでは電子は引力を受けているためエネルギー的に安定化しており，原子中の電子のエネルギーは負になっている．逆に原子中の電子を無限遠方まで取り去るにはエネルギーが必要である．

　図1・3は，Xe原子の各原子軌道の電子が原子核からどのような距離 $R$ の

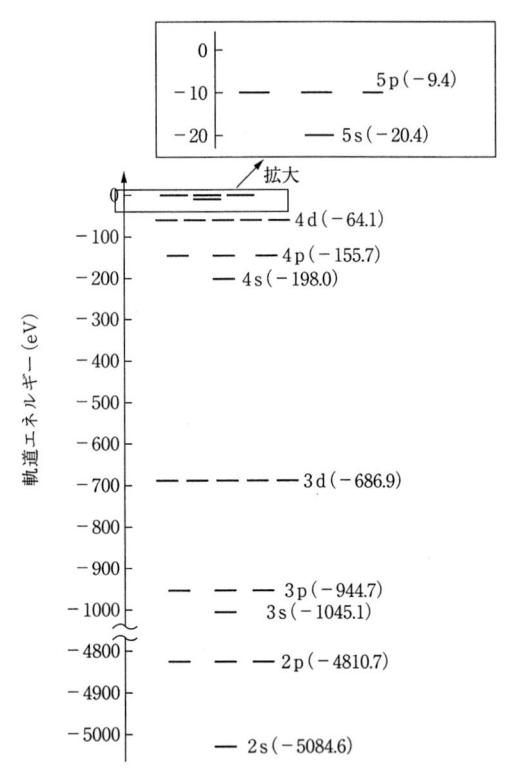

**図1・2 Xe原子の電子エネルギー準位**
各軌道のエネルギー準位をeV（電子ボルト）単位で示した（図1・12の説明，p.20参照）．2s軌道よりさらに下に1s軌道準位があるが，この図では省略した．

所に存在する*(次頁脚注)かの確率分布を示したものである．この例のように，多くの原子中の電子は，内側から外側へと順に / で区切って示すと，おおむね次のようになっている．

内 ←　　　　　　　　　　　　　　　　　→ 外
/1s/2s, 2p/3s, 3p, 3d/4s, 4p, 4d/5s, 5p/

　図1・3に示した原子軌道の立体的（空間的）な特徴は，惑星などの天体の軌道運動とは大きく違っている．地球は太陽からほぼ等距離のところを回っ

1・2 原子中の電子　　　7

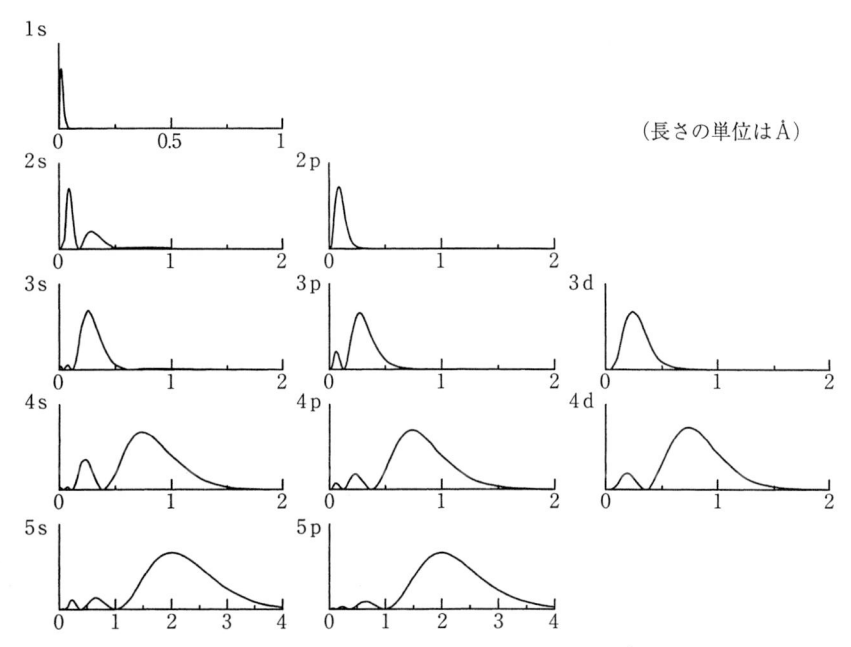

(長さの単位はÅ)

**図1・3**　Xe原子の原子軌道の空間的な広がりを表す動径分布 (1 Å は $10^{-10}$ m に等しい)

ていて，内惑星（水星・金星）より太陽に近いところや外惑星（火星・木星・土星等）より遠いところに行くことはまったくないが，原子核の周りで電子が行う運動では，図1・3から明らかなように，3s軌道の電子が，原子核のすぐ近くに来ることも，4s電子よりも遠くに行くこともある．大変不思議なことであるが，原子や分子中の電子の運動は，こうした確率的なものになっている．実は，量子力学の基本方程式であるシュレーディンガー方程式を解く

---

＊　量子力学では，粒子の存在は観測によって明らかになることとされており，「存在する」ということは「実験的観測によって見出すことができる」という意味で理解される．「電子を見出すことができる」と，毎回ていねいに記述してもよいのだが，以下，本書では「電子が存在する」という表記を用いる．また，電子を見出す確率は「電子の観測確率」と呼ぶべきではあるが，観測を通して存在が認識されることに留意して，本書では「電子の存在確率」という表現を，この意味で用いる．量子論における「存在」の意味は，確率論的であるので，巨視的世界における存在概念と混同しないように注意する必要がある．

と，このような観測確率に関係する量として**波動関数**（wave function）というものが求められる．個々の電子の確率的振る舞いについては，量子化学の取り扱いによって**軌道関数**（orbital function）というものを求めることができる．図1·4に，Xe原子のいろいろな原子軌道の空間的な確率分布（空間分布）を等高線で示す．

図1·4では，原子軌道に収容された電子1個の存在確率（電子密度）の高い低いを，原子核を含む特定の面上での等高線の形にして示してある．確率がちょうどゼロになるところは**節**（node）と呼ばれ，面状の節は**節面**（nodal plane）と呼ばれる．図から明らかなように，1s，2sなどのs軌道は，原子核を中心にしてどの方向にも同じように丸く広がっている．これに対して，2p，3pなどのp軌道は，原子核を含む節面をもつ．$x$軸に垂直な節面をもつp軌道を$p_x$軌道，同様に，$y$軸及び$z$軸に垂直な節面をもつp軌道を，それぞれ，$p_y$軌道，$p_z$軌道という．このように，p軌道には，それぞれ，$x$軸，$y$軸，$z$軸の方向に広がった空間分布をもつ3種類のものがある．図1·2から

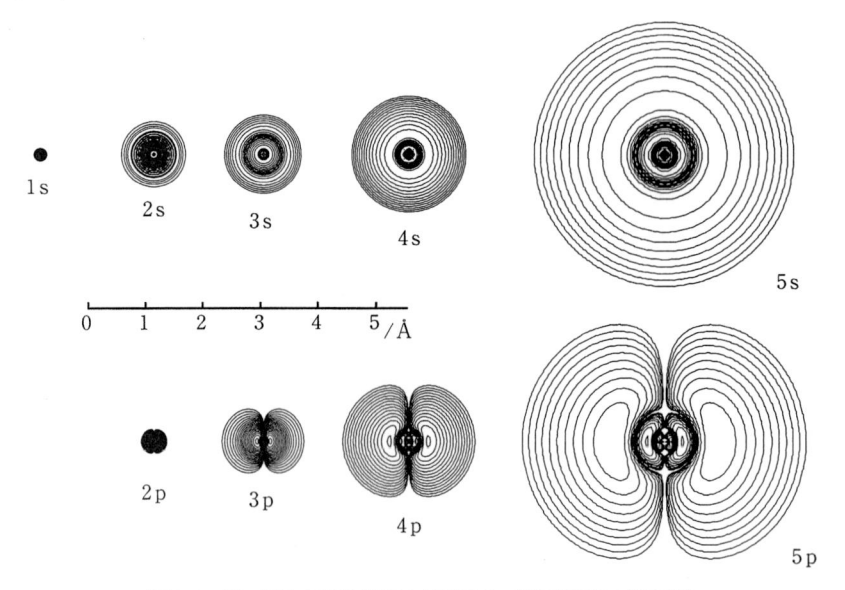

図1·4　Xe原子の原子軌道の空間分布（電子密度の等高線）

## 1・2 原子中の電子

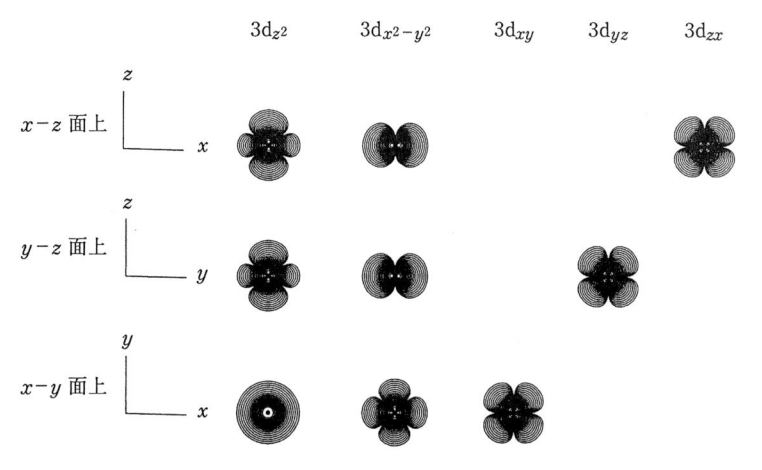

$3d_{z^2}$  $3d_{x^2-y^2}$  $3d_{xy}$  $3d_{yz}$  $3d_{zx}$

図1・5 5種類のd軌道の空間分布

分かるように，3種類のp軌道のエネルギー準位は3つとも同じであり，これは三重に縮重（縮退）しているという．

d軌道には，$d_{xy}$, $d_{yz}$, $d_{zx}$, $d_{z^2}$, $d_{x^2-y^2}$ の5種類があり，これらのエネルギーは互いに等しく，五重に縮重している．図1・5に，d軌道の空間的な分布のようすを，図1・4と同様の等高線を用い，3d軌道を例にとって示した．

### 1・2・3 原子軌道の方位量子数と磁気量子数

量子力学によると，原子軌道は，**方位量子数**(azimuthal quantum number)と呼ばれる量子数 $l$ の値が，$l = 0, 1, 2, 3, 4$ のどれであるかに従って，s, p, d, f, g 等の軌道に分類される．方位量子数は，主量子数 $n$ と次の関係にある．

$$l = n-1, n-2, n-3, \cdots, 0$$

$n = 1$ のK殻については，$l$ は0のみが可能でs軌道のみ，$n = 2$ のL殻については，$l$ は0と1が可能でs軌道とp軌道があり，同様にして $n = 3$ のM殻では，$l = 0, 1, 2$ となってs軌道，p軌道の他にd軌道も加わる．表1・1に示した軌道の分類は，こうして導かれたものである．軌道の種類や数が方位量子数の値で異なることも量子力学から導かれることであり，これは**磁気**

量子数 (magnetic quantum number) と呼ばれるもう1つの量子数 $m$ と関係付けられる．磁気量子数 $m$ の値は，方位量子数 $l$ と次の関係にある．

$$m = l, l-1, l-2, \cdots, 0, \cdots, -(l-1), -l$$

すなわち，$l = 0$ のs軌道については，$m = 0$ しか存在しないため，s軌道は各電子殻 (特定の主量子数 $n$) に対して1種類しかないが，$l = 1$ のp軌道では，$m = 1, 0, -1$ となるため3種類あり，$l = 2$ のd軌道では，$m = 2, 1, 0, -1, -2$ となって5種類ある．これが，図1・4や図1・5で，p軌道やd軌道にいろいろな種類のものが出現した理由である．

**問2** 各電子殻に属する原子軌道の総数を求めよ．

(ヒント) 各 $l$ について $m = l$ から $m = -l$ まで $2l+1$ 通りあり，各 $n$ について，$l$ は $0$ から $n-1$ まで $l$ 通りある．

(コメント) ちょうど主量子数 $n$ の平方になり，これは各電子殻に収容しうる電子の最大限度のちょうど半分に等しい．

### 1・2・4 電子配置とパウリの原理

電子には微小な磁石のような**スピン** (spin) と呼ばれる性質があり，その磁気的な極性の方向に従って上向きスピン (↑) と下向きスピン (↓) に区別される．**パウリの原理** (Pauli's principle) として知られている規則によると，原子や分子中のそれぞれの電子軌道には，↑と↓の各スピンの電子1個ずつ，合わせて2個の電子まで収容可能である．同じ向きのスピンをもつ電子を2個以上同一の軌道に収容することはできない．これは，原子中で電子がどのように種々の軌道に配置されるかを支配する大変重要な規則である．すでに述べた軌道のエネルギーの高低に関する規則とパウリの原理をあわせると，原子において，最もエネルギー的に安定な状態 (**基底状態** (ground state)) の電子の配置 (**電子配置**) がどのようになるかを容易に導くことができる．

**問3** Xe 原子の基底状態の電子配置を求めよ．

(ヒント) 軌道エネルギーの高低の順序，軌道の種類と数，及び，パウリの原理を参照する．$np_x$, $np_y$ 等を区別せず，$np$ 軌道をまとめて扱ってよい．たとえば，

Ne の電子配置は，$(1s)^2(2s)^2(2p)^6$ となる．

(コメント) $ns$ 軌道に電子が 2 個配置されていることを $(ns)^2$, $np$ 軌道に電子が 6 個配置されていることを $(np)^6$ のように表す．希ガスと呼ばれる，He, Ne, Ar, Xe などの原子の電子配置を比べると，元素の周期表の仕組みが理解できるであろう．K 以降のアルカリ金属元素，Ca 以降のアルカリ土類金属元素，Fe や Ni などの遷移金属元素の電子配置を考えるときには，p.5 で述べられた軌道エネルギーの高低の規則には従わずに，$nd$ 軌道より先に $(n+1)s$ 軌道に電子が収容されることを考慮しなければならない．ただし，これには若干の例外があり，Cr や Cu では，3d 軌道がちょうど半分または全部電子で満たされることが優先され，4s 軌道には電子が 1 個だけ入る (表紙見返し参照).

## 1・3　軌道関数と電子の波

電子が空間的にどのように振る舞うかは，軌道関数 $\psi$ (プサイ) で表される．軌道関数 $\psi$ は，位置座標 $(x, y, z)$ の関数である．3 次元空間の 1 点 $(x, y, z)$ に電子が存在する確率は，$\psi(x, y, z)$ の 2 乗に比例する．電子を空間のどこかに見出す確率の総和は 1 に等しくなければならないから，$\psi$ の 2 乗を $x$, $y$, $z$ のすべての範囲 ($-\infty$ から $+\infty$ まで：$\infty$ は無限大を表す数学的記号) にわたって積分すると，その結果は 1 になるはずである．これから $\psi$ の比例係数が決まる．この比例係数を規格化因子といい，確率の合計が 1 となるように決めることを**規格化** (normalization) という．$\psi$ の符号をマイナスにした $-\psi$ を 2 乗しても $(-\psi)^2 = \psi^2$ となるため，$-\psi$ はもとの $\psi$ と同じ意味をも

つ.すなわち,軌道関数全体にかかる符号は,＋－どちらであっても電子の確率的挙動はまったく同じであり,したがって,軌道関数を用いるときに,全体にかかる符号は任意に選んでよい.

### 1・3・1 水素原子の軌道関数

図1・6に,水素原子のいくつかの軌道関数を位置座標の関数として表したグラフを示す.

座標原点 $(x=0, y=0, z=0)$ は,原子核の位置である.座標原点で,s軌道は $\psi \neq 0$ であるからs軌道の電子は原子核上に存在する確率があるが,p軌道やd軌道では $\psi = 0$ となっていて原子核上に電子は存在しない.$x$ の値が大きくなると,どの軌道関数も値がほとんど0になる.このことは,どの軌道の電子も,原子核から遠いところには存在しないことを表している.図1・6のグラフのいくつかには,マイナスの部分もある.すでに述べたように,軌道関数の符号は任意に選んでよいので,図1・6は,縦軸を上下逆さまにしてもかまわない.そのようにしても,2s軌道や2$p_x$軌道では,位置座標の変化で,符号の正負が交替する.図1・6から明らかなように,軌道関数の符号の交替を同種の軌道で比べると,主量子数 $n$ の増加とともに1回ずつ多くなる.

### 1・3・2 軌道関数の方向依存性

原子中での電子の振る舞いについて,もう少し調べてみよう.図1・7に,軌道関数の方向依存性を示す.

図1・7から明らかなように,s軌道には方向依存性がなく,電子の存在確率はどの方向でも同じになる.しかし,p軌道には強い方向性があり,$p_x$軌道では $x$ 軸の正負の方向で絶対値が最大であり,$y$ 軸と $z$ 軸を含む $y$-$z$ 平面が節面になっていて,そこを境に符号が交替する.また,d軌道では,方向による符号の交替の周期が90°となって,p軌道の場合の180°よりも短くなって

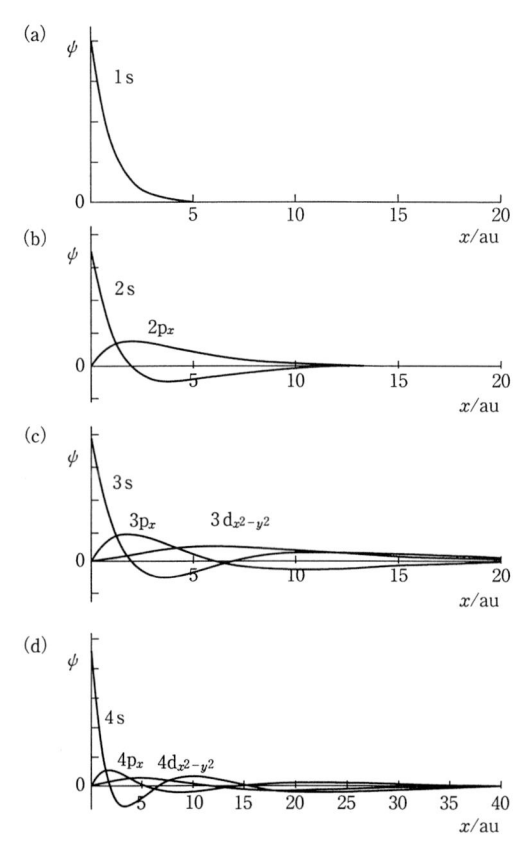

**図 1·6** 水素原子の軌道関数のグラフ
　　$x$ 軸上に対して描いたもの．長さの単位として原子単位 (au) を用いた．1 au は，ボーア半径 0.5292 Å に等しい．
　　(a) 1s　(b) 2s, 2p$_x$　(c) 3s, 3p$_x$, 3d$_{x^2-y^2}$
　　(d) 4s, 4p$_x$, 4d$_{x^2-y^2}$

おり，方向が 360° 回るごとに符号が 4 回交替する．

## 1·3·3　電子の波動性と干渉作用

図 1·6 と図 1·7 の例からわかるように，軌道関数には「波動」と似た性質

3s 　　　　　3p$_x$ 　　　　　3d$_{x^2-y^2}$

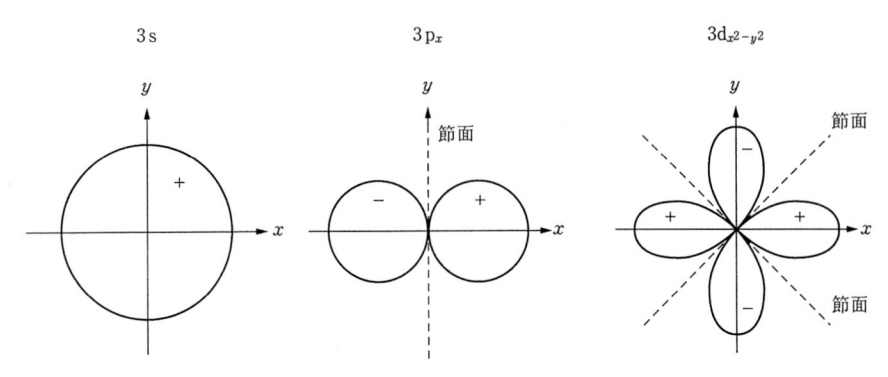

図1·7　原子軌道関数の方向依存性（角度依存性）

がある．波動というのは，水面に石を投げ入れると起きる波や地震によって発生する津波，音波や電波など，いろいろな波のことである．電子の存在確率に関係する軌道関数もこのように波の性質をもつため，電子自身も波と似た性質を示す．波と波とがぶつかり合うと波の高いところ（波がないときと比べて上に大きく上がったところ）どうしは互いに強め合ってより高くなり，高いところと低いところ（波がないときより下に大きく下がったところ）が重なると波の高低は互いに打ち消される（完全に打ち消されると波がないときと同じになる）．これは波どうしの重ね合わせが示す重要な性質であり，波の干渉作用と呼ばれている．電子の波（電子波）が干渉作用を起こすとどうなるであろうか．強め合うと電子波の軌道関数の絶対値が増して電子を見出

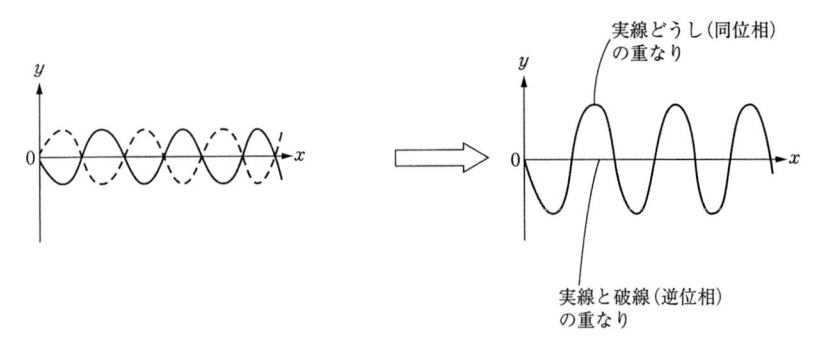

イラスト①　波の重ね合わせ

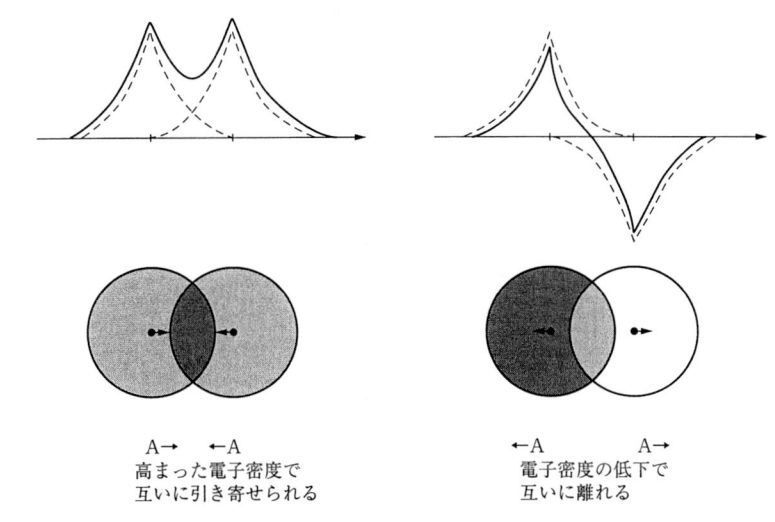

A→　←A
高まった電子密度で
互いに引き寄せられる

←A　　A→
電子密度の低下で
互いに離れる

イラスト②　結合の形成と解離

す確率が高くなり，逆に打ち消し合うと絶対値が小さくなって電子を見出す確率が低くなる．この効果が原子核の間で起きて，原子核の間に電子の存在確率（電子密度）が高まればその方向に原子核が引きつけられて化学結合ができ，逆に，原子核の間で電子の存在確率が低くなると原子核は外側の方向へはじかれて化学結合が切れてしまうというように，電子波の振る舞いは，化学結合の形成・解離と関係している．

### 1・3・4　原子軌道関数の等高線図

軌道関数が電子波として果たす役割を理解するのに役立つように，図1・8には，原子軌道関数の立体的な特徴を，地形図のように等高線で表した図を示す．この図は，それぞれの軌道関数が同じ値をもつ点を等高線として描いたものである．地形図の場合の等高線は，一定の高さごとの等間隔になっていることが多いが，軌道関数の場合には，図1・6の1s軌道関数の例からもわかるように，原子核からの距離に対して急激な変化を含むことが多いため，等間隔の線ではうまく表しにくい．このため，何倍かごとの値で示すように

図1·8 原子軌道関数の等高線図
(a) 1s (b) 2s (c) $2p_x$ (d) 3s (e) $3p_x$ (f) $3d_{x^2-y^2}$

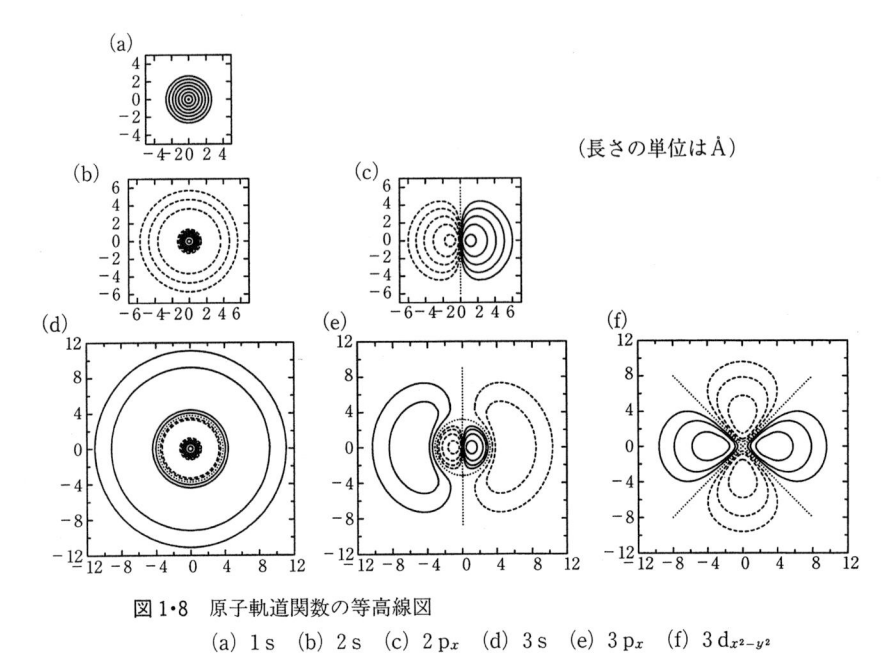

するとよく，図1·8では，$|\phi| = 0.01 \text{Å}^{-3/2}$から2倍ごとに示し，また，値が0のところを示す点線を追加して作図してある．関数の符号に対応して，実線は＋，破線は－を表している．

## 1·3·5 原子軌道の形の略図

図1·8の一番外側の等高線を見るとわかるように，s軌道の概形は丸く，p軌道は2つの丸い形の組み合わせ，d軌道は4つの丸い形の組み合わせからなっている．3sや3p軌道では，内側の形がかなり複雑であるが，化学結合は原子どうしが互いに近付いてできるため，化学の多くの問題では，各軌道の外側の性質がとくに重要である．こうした理由から，化学的考察には，図1·9のように，s軌道は円，p軌道は8の字，d軌道は四葉型の図がしばしば用いられる．このような図を用いて考察するときには，図に示された符号をよく理解することと，本来は，図1·8のような空間的な広がりをもったもの

## 1・3 軌道関数と電子の波

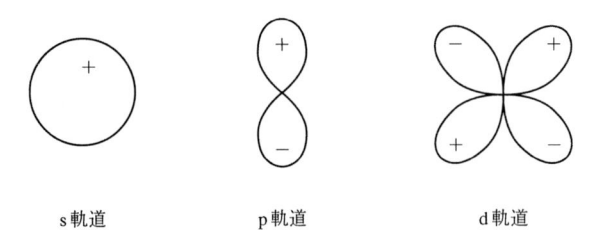

**図 1・9** 原子軌道関数の形の簡略な表現

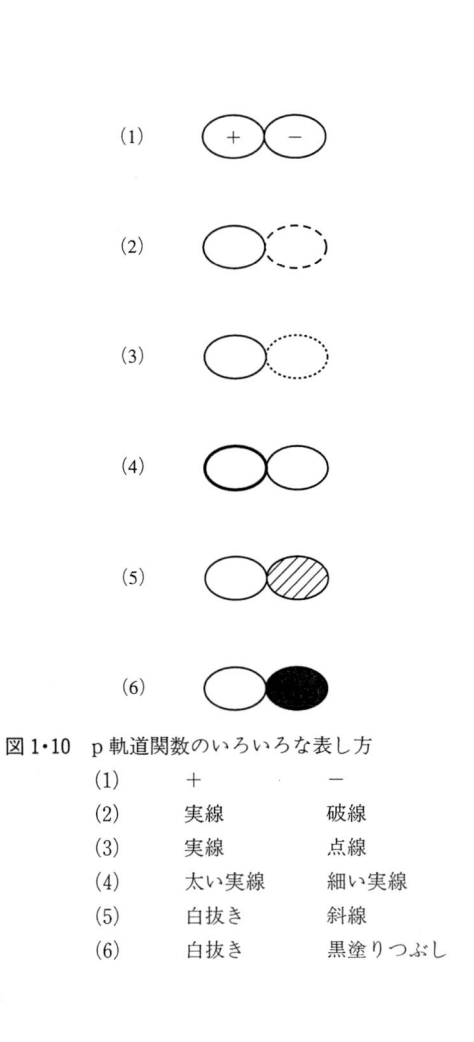

s軌道　　p軌道　　d軌道

**図 1・10** p軌道関数のいろいろな表し方
(1) 　＋　　　　　－
(2) 　実線　　　　破線
(3) 　実線　　　　点線
(4) 　太い実線　　細い実線
(5) 　白抜き　　　斜線
(6) 　白抜き　　　黒塗りつぶし

であることを忘れてはならない．図1・9では，軌道関数の符号を ＋ － で示したが，書物によっては別の表し方を採用することがある．図1・10に，p軌道を例にして，いくつかの表し方を示す．

### 1・3・6 電子密度

図1・8では軌道関数の値をそのまま用いて等高線の図を示したが，軌道関数の2乗を用いた等高線図も重要である．その例を図1・11に示す．

軌道関数の2乗は，数学や統計学で確率密度と呼ばれる量に相当し，量子化学では，これを**電子密度**（electron density）と呼ぶ．人口密度の場合は単位面積当たり何人という単位が使われるが，電子密度の場合は単位体積当たり電子何個という単位が採用される．電子がたった1個の場合でも密度が多

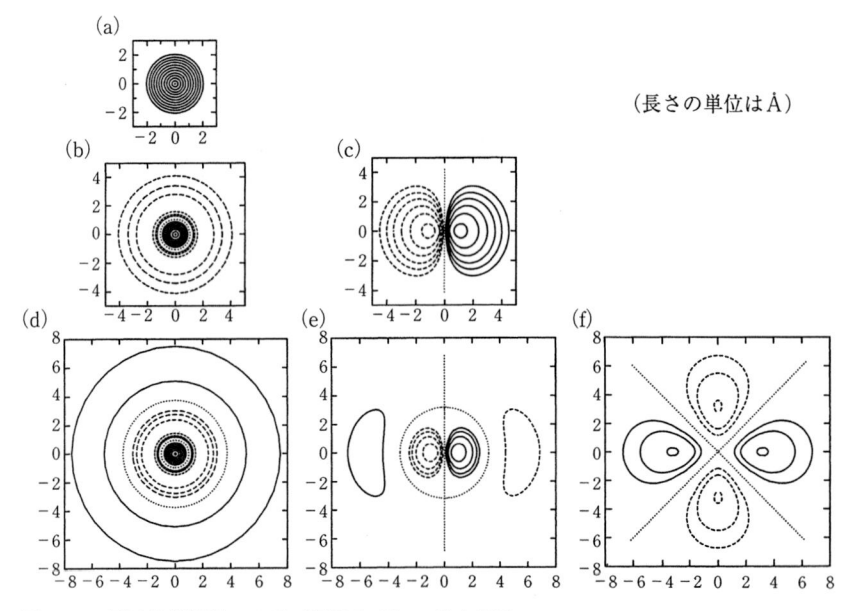

図1・11 原子軌道関数の2乗（電子密度）の等高線図
  (a) 1s  (b) 2s  (c) $2p_x$  (d) 3s  (e) $3p_x$  (f) $3d_{x^2-y^2}$
  (2乗する前の符号に対応して，実線は ＋，破線は － を表し，点線は 0 を示す．
  $|\phi|^2 = 0.001$ Å$^{-3}$ から2倍の間隔で描いてある．)

いか少ないかが問題になるので，不思議な感じがするかもしれないが，電子密度は，その場所に電子を見出す確率がどのくらいあるかを示す量であるから，電子が1個の場合にも適用される．これは部屋が多数ある一軒の家に1人の人が住んでいるとして，その人が各部屋に居る確率を部屋ごとに考えるのと同様である．

## 1・4　軌道エネルギーの高低と電子の授受の周期性

　原子番号の順に原子の性質を比べてみると，周期的に似た性質が現れる．これは元素の周期性と呼ばれ，原子の電子配置の周期性（表紙見返し参照）と関係している．たとえば，Li, Na, Kなどのアルカリ金属原子(1族)は，電子を失いやすく，1価の陽イオン（電子1個分だけ正に帯電したイオン）になりやすい．また，F, Cl, Brなどのハロゲン原子(17族)は，電子を取り入れて，1価の陰イオン（電子1個分だけ負に帯電したイオン）になりやすい．このような原子の性質の周期性は，電子配置の類似性と関係付けられる．それでは，それぞれの電子配置によって，なぜそのような性質がもたらされるのであろうか．その考察に入る前に，原子の性質の周期性についてもう少し詳しく調べておこう．

### 1・4・1　イオン化エネルギーと電子親和力

　電子を授受して原子がイオンに変わる変化は，化学的性質として大変重要である．また，電子の授受は，化学的な酸化・還元の基本である．物質は，酸化されるとき電子を失い，還元されるとき電子を受け取る．電子授受の起こりやすさは，それに伴うエネルギー変化の大きさと関係している．

　電荷を帯びていない中性の原子から，電子1個を取り去るのに必要なエネルギーを，原子の**イオン化エネルギー**（ionization energy）という．イオン化エネルギーの大きさは，電子軌道のエネルギーがどの程度マイナスである

かを表し，電子を失う軌道のエネルギーが高いほど（負の程度が小さくて相対的に0に近いほど）小さくなる．いろいろな原子のイオン化エネルギーの実測値を，図1·12に示す．イオン化エネルギーが大きいほど（電子が収容された軌道のエネルギーが低いほど）電子を失いにくく，逆に，イオン化エネルギーが小さいほど（電子が収容された軌道のエネルギーが高いほど）電子を失いやすい．

　図1·12では，エネルギーの単位に**電子ボルト**(eV)を用いた．この単位は，電子の振る舞いを議論するのに便利である．1 eVは，1ボルト(V)の電圧の電池につないだ2枚の金属板電極を真空容器の中に入れ，電子1個を負の電極（陰極）から正の電極（陽極）へと加速運動させるときにその電子が獲得する運動エネルギー（$1.6022 \times 10^{-19}$ J）に等しい．このとき，初速が0であった電子はおよそ600 km/sにまで加速される．エネルギーの大きさを表すときによく使われるkJ/molという単位と比べると，1 eVは，96.485 kJ/mol

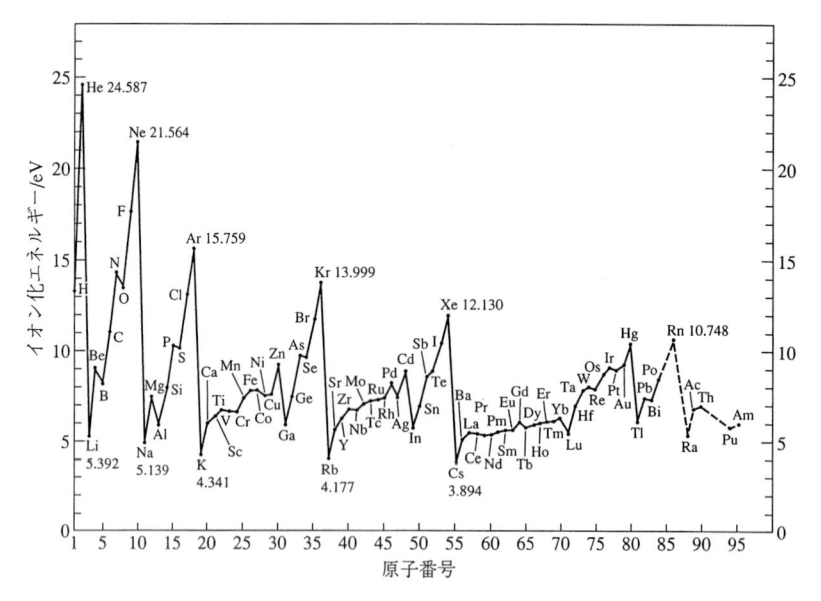

図1·12　原子のイオン化エネルギーの周期性

## 1・4 軌道エネルギーの高低と電子の授受の周期性

に相当する．

図 1・12 の主な特徴をまとめておこう．

特徴 1) 18 族の希ガス（He, Ne, Ar 等）で極大になる．
特徴 2) 18 族から次の 1 族（Li, Na, K 等）に移るときに急激に減少する．
特徴 3) 同じ周期内で大雑把に見ると 1 族から 18 族へと増加する傾向がある．
特徴 4) 同じ族で比べると後続の周期のもの（周期表の下のもの）ほど小さい．

これらの特徴は，後で詳しく述べるように電子配置に基づいて説明される．なお，図 1・12 のイオン化エネルギーは，原子から 1 個の電子を取り去るのに必要な最小のエネルギーの実験値であり，最も外側の電子殻（**最外殻**という）の電子に対するものである．

電子を取り去るのとは逆に，電子を 1 個取り入れることが可能なときには，エネルギーが余って放出される．このエネルギーを**電子親和力**（electron affinity）という．原子の電子親和力は，原子に電子 1 個をつけ加えた 1 価陰イオンから，その余分な電子を取り去るのに必要なエネルギーに等しい．電子親和力の大きさは，中性の原子において，空いていて電子を受け入れることができる軌道のエネルギーがどれだけマイナスであるかを表し，その軌道エネルギーが低いほど大きくなる．電子親和力も図 1・13 に示すように周期性を示す（希ガスなど電子親和力が負となるものは，ここでは値が 0 であるとしてプロットした）．電子親和力の値が大きいほど（電子を受け取る軌道のエネルギーが低いほど）電子を受け取りやすい．

原子の電子親和力の周期性も，イオン化エネルギーの周期性とよく似ているが，極大極小の位置が 1 つ前の族のところにずれている．電子親和力の特徴も電子配置に基づいて説明される．なお，パウリの原理から明らかなように，まだ空いている軌道にしか電子をつけ加えることはできない．原子が陰イオンになるときには，最外殻に電子がつけ加えられる．

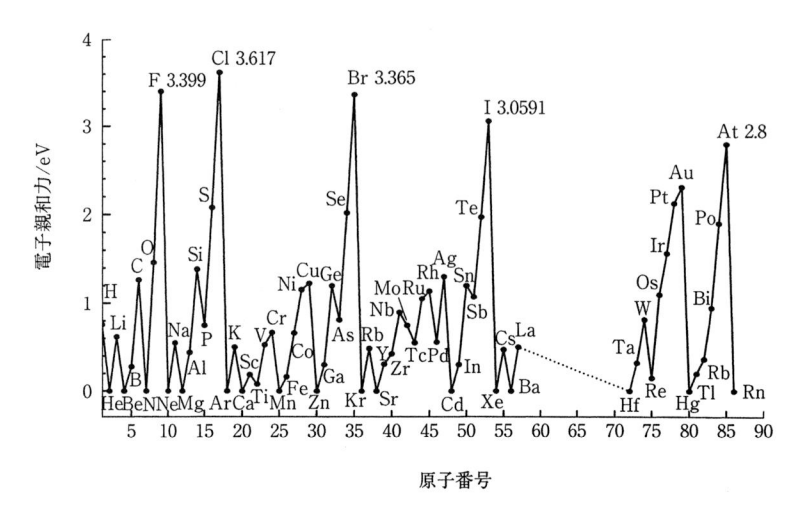

図1・13 原子の電子親和力の周期性

## 1・4・2 電子間の斥力と遮蔽効果

すでに述べたように，イオン化エネルギーと電子親和力は，それぞれ，電子を失う軌道と電子を受け入れる軌道のエネルギーと関係しているので，図1・12や図1・13に示された実測値の傾向は，いろいろな原子の軌道エネルギーの高低を比較するのに役立つ．以下では，イオン化エネルギーと電子親和力の周期性の特徴がどのような仕組みで現れるか，軌道エネルギーの高低及び電子の授受に伴うエネルギー変化と関連させて考察する．

電子の授受に伴うエネルギーの授受は，電子に働く力と関係している．「1・1 電子と原子核」のところでふれたように，電子と原子核及び電子と電子の間にはクーロン力が働いている．強い力で何かに繋ぎ止められているものを，その拘束力にさからって引き離すためには，逆向きの力をかけて仕事をしなければならない．より強く繋がれたものほど，引き離すのにより大きな仕事（エネルギー）が必要である．クーロン力の大きさは，電荷の大きさの積に比例し，電荷間の距離の2乗に反比例する．したがって，電子が原子核から直接受けるクーロン引力の大きさは，原子核の電荷の大きさ（原子番

号に等しい）と，原子核とその電子との距離によって決まる．この距離は，問題となっている軌道の空間的特徴を調べればわかる．電子が1個だけならば，上で述べた効果を考えるだけでよいが，一般に電子は複数個あるため，電子どうしのクーロン斥力の効果も考慮しなければならない．これについては，次に詳しく考察する．

ある電子に着目し，簡単のために他の電子が原子核から一定の距離の球面上に均一に分布しているとして電磁気学を適用すると，着目している電子に働く力は次のようになる（図1・14）．

(A) より外側の電子からは，平均すると何の力も受けない．

(B) より内側の電子からは，平均すると外向きの力を受け，その大きさは，内側の電子をそれぞれ原子核の位置に固定したときに受ける力に等しい．この効果によって，原子核の正電荷が，内側の電子の数だけ実質的に減少したのと同じことになる．

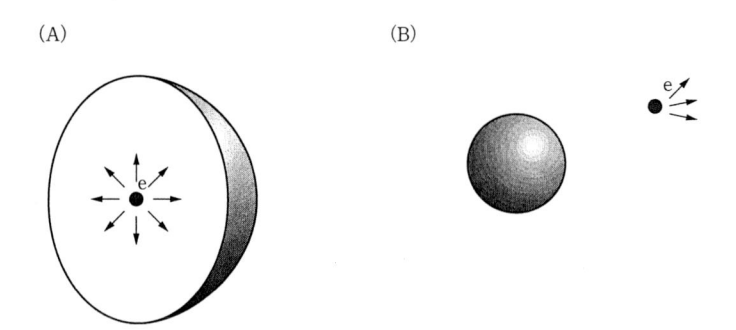

図1・14 外側の電子分布から受ける作用(A)と内側の電子分布から受ける作用(B)
小さい黒丸は着目する電子を表し，球面上のアミかけ部分は，他の電子の分布を表す．
(A) いろいろな向きの斥力を受けるが平均すると消える．
(B) つねに外向きの斥力を受け平均すると原子核上に全部集めた負電荷による斥力に等しい．

以上の効果は，金網や金属の覆いで囲まれたところに，外にある電荷からのクーロン力の効果がまったく及ばないことをいう「静電遮蔽効果」と密接な関係にあるため，原子中の電子の振る舞いにおいても**遮蔽効果**(screening effect)と呼ばれている．この遮蔽効果によって着目する電子に有効に働く力は，原子核からの直接的な引力と，(B)の効果による内側の電子からの斥力の効果だけを考えればよい．結局，原子核の正電荷を(B)の効果の分だけ形式的に小さくし，それを**有効核電荷**とみなす扱いをすればよいことがわかる．

### 1・4・3　有効核電荷と周期性

実際の原子中の電子軌道は，一定半径の球面上に均一に分布しているわけではないが，上で述べた遮蔽効果が近似的に適用できるものとして，有効核電荷を求める規則を次のように仮定してみよう．

**[有効核電荷の算出規則]**
**規則1**　原子番号 $Z$ から遮蔽効果の大きさ $s$ を差し引いたもの $(Z-s)$ を有効核電荷 $Z_{eff}$ とする．
**規則2**　着目する電子に対する遮蔽効果への寄与は，より外側の電子から 0，より内側の電子から 1，同じ距離のグループの電子から 1/3 とし，それぞれの電子からの寄与を足し合わせたものを遮蔽効果の大きさ $s$ とする．

この規則に従って，原子の最外殻の電子に働く有効核電荷を計算してみると，図 1・15 のようになる．

**問4**　Ne 原子の最外殻電子である 2p 電子に対する有効核電荷 $Z_{eff}$ を求めよ．
(ヒント) Ne 原子の電子配置 $(1s)^2(2s)^2(2p)^6$ を考え，より内側に 1s 電子が 2 個，距離的にほぼ同じ位置の 2s と 2p 電子のうち着目する 2p 電子以外の

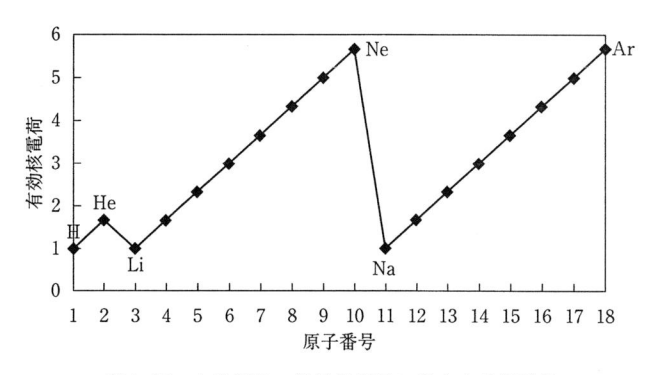

1・4 軌道エネルギーの高低と電子の授受の周期性　　　　25

図1・15　中性原子の最外殻電子に働く有効核電荷

電子が7個あることに注意して，有効核電荷の算出規則を適用する．

　図1・15の有効核電荷に基づいて，図1・12のイオン化エネルギーの周期性の特徴1)-4)について考察してみよう．イオン化エネルギーは，電子が原子核の方向に引きつけられる力が強いほど大きくなり，次のような傾向を示すと考えられる．
(傾向1) クーロン力の電荷依存性から，有効核電荷が大きいほど大きくなる．
(傾向2) クーロン力の距離依存性から，電子軌道がより内側になるほど大きくなる．

　周期表の横の変化では，電子殻が同じであるから(傾向2)による変化はなく，図1・15の有効核電荷の増加傾向に従って(傾向1)により，原子番号とともにイオン化エネルギーが増加すること(図1・12の特徴3)が説明される．周期表の右端から次の行の左端に移行するときには，電子殻が1つ外側になり，そのうえ，有効核電荷も急激に小さくなるため，(傾向2)と(傾向1)の両方の効果によって，周期表の左端でイオン化エネルギーが大幅に低下し(図1・12の特徴2)，右端で極大になること(図1・12の特徴1)が説明される．周期表の縦の列である同じ族については，上から下に行くと，(HeからNeへの変化を除き)有効核電荷は変わらないが，電子殻は外側になるため，(傾

向2)の効果で，イオン化エネルギーは小さくなる(図1·12の特徴4)．Neでは，Heよりも有効核電荷が大きくなるので，(傾向1)と(傾向2)の効果が相反するが，イオン化エネルギーの実験値はNeが21.6 eVに対してHeでは24.6 eVとなってより大きいことから，K殻からL殻に変わるときの(傾向2)による距離の効果がイオン化エネルギーの大小に非常に強く影響することがわかる．このことは，有効核電荷の値がどちらも1で同じであるHとLiのイオン化エネルギーの値が，13.6 eVから5.4 eVへと大きく減少することからも理解できる．

　次に原子の電子親和力の周期性についても有効核電荷の考え方を適用してみよう．今度は中性の原子に1個つけ加えられてできる1価陰イオンの最外殻電子に対する有効核電荷を考えればよい．例えば，仮にNe⁻イオンができたとしよう．するとその電子配置が，$(1s)^2(2s)^2(2p)^6(3s)^1$ となるであろう．最も外側の電子である3s電子に着目すると，それより内側の10個の電子がすべて1ずつ原子核の電荷を減らす働きをするから，$Z_{eff} = 10 - 10 = 0$ となる．こうして求められる1価陰イオンの最外殻電子に働く有効核電荷を，図1·16に示す．

　図1·16は，図1·15に示した中性原子の最外殻電子に働く有効核電荷の振る舞いとよく似ているが，極大極小を与える原子番号が1つずつ小さくなり

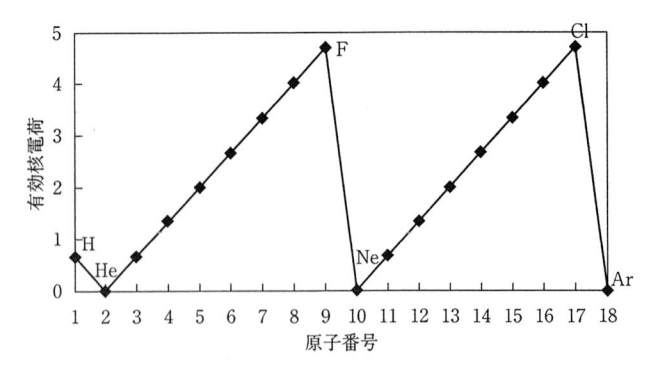

図1·16　1価陰イオンの最外殻電子に働く有効核電荷

左にずれている．このため，電子親和力は17族のハロゲン原子のところで極大になり，18族の希ガス原子のところで極小になること（図1・13参照）が説明される．

### 1・4・4　電子の授受の起こりやすさと電気陰性度

以上では，個々の原子が電子を失ったり受け取ったりする性質について調べたが，次に，原子どうしが出会ったときに，電子の授受がどのように起こるか考えてみよう．原子Xと原子Yのイオン化エネルギーを，それぞれ，$I(X)$, $I(Y)$，電子親和力を，それぞれ，$A(X)$, $A(Y)$としよう．XとYの間で電子1個が授受されるときに，次の（Ⅰ）と（Ⅱ）の反応のうち，いずれがエネルギー的に有利であるかを考える．

(Ⅰ)　$X + Y \rightarrow X^+ + Y^-$　　$\Delta E(Ⅰ) = I(X) - A(Y)$

(Ⅱ)　$X + Y \rightarrow X^- + Y^+$　　$\Delta E(Ⅱ) = I(Y) - A(X)$

これら（Ⅰ）及び（Ⅱ）の反応のエネルギー変化 $\Delta E$ を反応式の右に示した．ここで両者を比べるために，差をとると，

$$\Delta E(Ⅰ) - \Delta E(Ⅱ) = \{I(X) - A(Y)\} - \{I(Y) - A(X)\}$$
$$= \{I(X) + A(X)\} - \{I(Y) + A(Y)\}$$

となり，これが負であれば反応（Ⅰ）のエネルギー変化が小さくて有利でXからYに電子が移動し，逆に正ならば反応（Ⅱ）が有利になってYからXに電子が移動する．式から明らかなように，これは，それぞれの原子のイオン化エネルギーと電子親和力の和 $\{I + A\}$ の大小関係で決まる．すなわち，$\{I + A\}$ が大きいほど電子を受け取りやすく，逆に $\{I + A\}$ が小さいほど電子を失いやすい．化学では，電子を受け取りやすいものは電気的に陰性が強いといい，電子を失いやすいものは電気的に陽性が強いという．したがって，$\{I + A\}$ の大きさは各原子の電気的な陰性の強さを表す．

マリケンは，イオン化エネルギーと電子親和力の平均値である $\{I + A\}/2$ を，各原子の**電気陰性度**（electronegativity）として定めた．その値は，別な

考えからポーリングが提案した電気陰性度の値にほぼ比例している．どちらの電気陰性度も，電子の授受を含むさまざまな化学変化における各原子の電気的陰性や陽性の強さをよく説明するので広く用いられている．

## 1・5　電子波の干渉・変形と結合力

「1・1　電子と原子核」のところで述べたように，電子は原子核をクーロン力によって引きつける．電子の波は，その確率分布（電子分布）を表す電子密度に比例して負の電荷分布を与える．電子密度による負の電荷分布は，その大きさに依存する引力を原子核に及ぼす．電子分布による引力の効果を，まず，原子について考えてみよう．

### 1・5・1　原子軌道の電子が原子核に及ぼす力

図1・17に示すように，原子中の電子分布は，s, p, d の区別なく，どの軌道の電子分布であっても，原子核を中心にして点対称になっているため，ある位置の電子密度とちょうど反対側の電子密度とが，大きさが同じで，向きが正反対の引力を原子核に及ぼし，この効果は互いに正確に打ち消される．したがって，原子軌道は，原子核を特定の向きに引っ張る力を与えない．

次に，2つの原子が，互いに電子波の形をまったく変えずに近付いたとしよう．また，簡単のために，電子波の形は丸いとしよう．すると，図1・18のよ

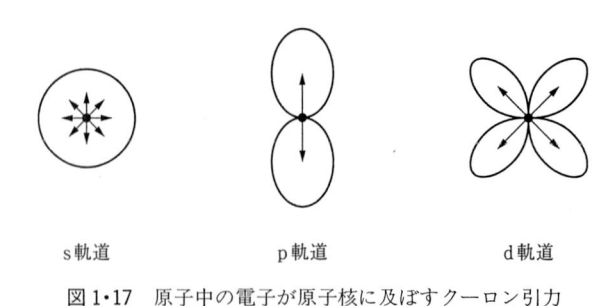

s軌道　　　　　　p軌道　　　　　　d軌道

図1・17　原子中の電子が原子核に及ぼすクーロン引力

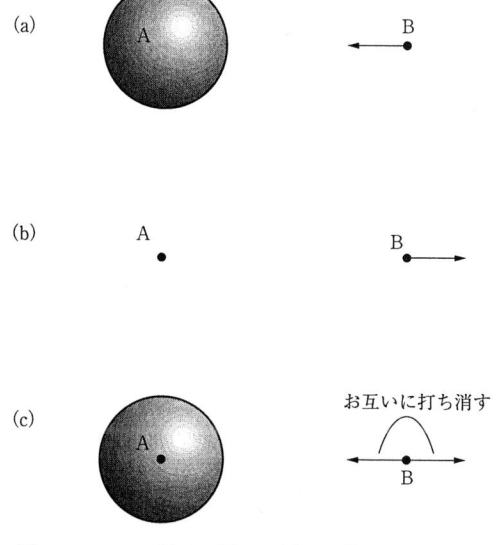

**図1·18** 2つの原子の間で,電子が他方の原子核に及ぼすクーロン引力
(a) 原子Aの電子分布によって原子核Bに引力が働く.
(b) 原子Aの原子核から原子Bの原子核に斥力が働く.
(c) 原子Aから原子Bの原子核に働く力は(a)と(b)とが打ち消し合って消える.

うに,一方の電子波は他方の原子核を引っ張る.ただし,その効果は,遮蔽効果の説明で述べた(B)による力の説明と同様の原理によって,電子分布を全部中心原子核上に集めた場合と同じになり,単純に原子核の正電荷が電子分布の負電荷でうち消される.原子は全体として正負の電荷の効果が完全に打ち消し合うから,結局,他方の原子核には,何の力も及ぼされないことになる.これでは2つの原子を一定の距離に繋ぎ止める結合は生じない.

### 1・5・2 原子どうしの電子波の干渉効果と結合力

複数の原子どうしから結合が生まれるためには,量子力学の効果が必要で

(a) 強め合って電子密度が高まる

(b) 打ち消し合って電子密度が低下する

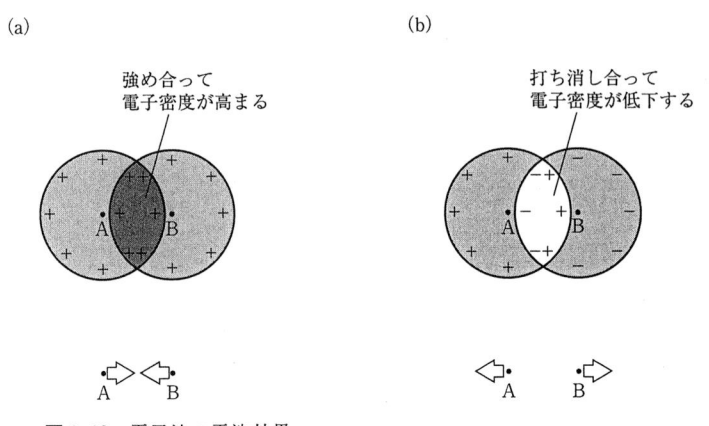

図 1・19　電子波の干渉効果
　　(a) 結合性の電子波の干渉　(b) 反結合性の電子波の干渉

ある．これには，電子波の干渉効果と変形効果があり，それぞれ，次のような仕組みで，原子核どうしが互いに結びつけられる．

　図 1・19 に，2 つの原子の電子波どうしが空間的に重なって干渉を起こした場合の効果を模式的に示す．(a) は，波の同符号の部分どうしが重なる場合であり，符号が同じであるから互いに強め合う．その結果，2 つの原子核の間で電子密度の高まりができ，これが，干渉を起こさない場合よりも，より強く 2 つの原子核を引きつけ，結合力が生まれる．これに対して，(b) は，波の異符号の部分どうしが重なる場合であり，符号が異なるために互いに打ち消し合う．その結果，2 つの原子核の間で電子密度が低下して，これが，干渉を起こさないときよりも，より弱く 2 つの原子核を引きつけるため，2 つの原子核は，裸の原子核どうしよりも互いに強く反発する．

### 1・5・3　原子の電子波の変形効果と結合力

　もう 1 つの非常に重要な結合力の原因として，電子波の変形効果がある．図 1・20 に示すように，何らかの理由で，原子の周りの電子分布が点対称な形から変形したとしよう．すると，電子分布が原子核に及ぼすクーロン引力は，

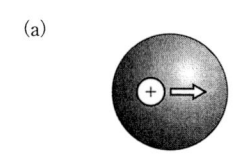

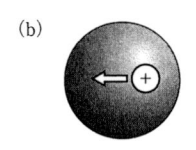

1·5 電子波の干渉・変形と結合力　　　　31

(a)

(b)

図1·20　電子波の変形効果
(a)　電子分布が右に片寄ると，原子核は右
方向に引っ張られる．
(b)　電子分布が左に片寄ると，原子核は左
方向に引っ張られる．

非対称性のため，どちらかによけいに原子核を引っ張る効果をもたらす．これが，他の原子核の向きに起こると結合力が生まれ，逆に，他の原子核と反対向きになれば反結合力がもたらされる．

### 1·5·4　電子波の重ね合わせと軌道関数の線形結合

電子波の干渉効果と変形効果は，電子波どうしの重ね合わせから生じる．電子波の重ね合わせを，量子力学に基づいて求められる軌道関数を用いて表すと，軌道関数どうしの線形結合になる．簡単のために2つの軌道関数 $\phi_1$ (ファイ) と $\phi_2$ を含む新しい軌道関数 $\psi$ を考えると，$\psi$ は，$\phi_1$ と $\phi_2$ をどのように含むかを表す係数 $C_1$ と $C_2$ を伴って次のように表される．

$$\psi = C_1\phi_1 + C_2\phi_2$$

軌道関数 $\psi$ も確率的性質を満足するために，比例係数を規格化しなければならないので，$C_1$ と $C_2$ にもその制約が課される．$\psi$ を表す式の右辺において，その成分である $C_1\phi_1$ と $C_2\phi_2$ とが同符号であれば互いに強め合い，異符号で

あれば互いに打ち消し合う．また，新しい軌道関数は $C_1$ と $C_2$ の絶対値の大小によって，一方が主成分になったり，両者がほぼ均等な割合になったりする．新しい軌道関数が，成分となる軌道関数のどのような重ね合わせになるかは，線形結合の係数 $C_1$ と $C_2$ の組み合わせ次第であり，いろいろな可能性がある．量子化学では，波の重ね合わせや関数の線形結合によって新しい（電子波）＝（軌道関数）ができることを，「軌道と軌道が相互作用し，成分となる軌道どうしが互いに混じり合って新しい軌道ができる」と考える．新しい軌道が軌道間の相互作用でできる仕組みの謎に迫るのはあとの楽しみに回して，ここでは，軌道が混じり合うとどうなるかについて，いくつかの例を取り上げる．

### 1・5・5 結合性軌道と反結合性軌道

図1・21に，2つの水素原子の1s軌道を混合させて求めた水素分子の分子軌道の電子密度を等高線の形で示す．軌道間の相互作用による干渉効果で，電子密度がどのように変化したかは，単独の原子の場合と電子密度の差をとってみるとよく分かるので，差電子密度の図も併せて示してある．**結合性軌道**（bonding orbital）では，原子核間に電子密度の増加があり，これが結合の形成の原因となる結合力をもたらす．一方，**反結合性軌道**（antibonding orbital）では，逆に原子核間で電子密度が減少し，結合ができない方向の力（反結合力）をもたらす．

### 1・5・6 π軌道と多重結合

図1・22に，2個のA原子それぞれのp軌道が平行な向きに並んで相互作用してできるπ(パイ)軌道の電子密度の分布を示す．この場合の電子密度の変化は，結合軸から離れたところにあるが，結合性π軌道は結合力をもたらし，反結合性軌道は反結合力をもたらす．π軌道による結合は，$C=C$, $O=O$, $C=O$ などの二重結合や，$C≡C$, $C≡N$, $N≡N$ などの三重結合など，いわ

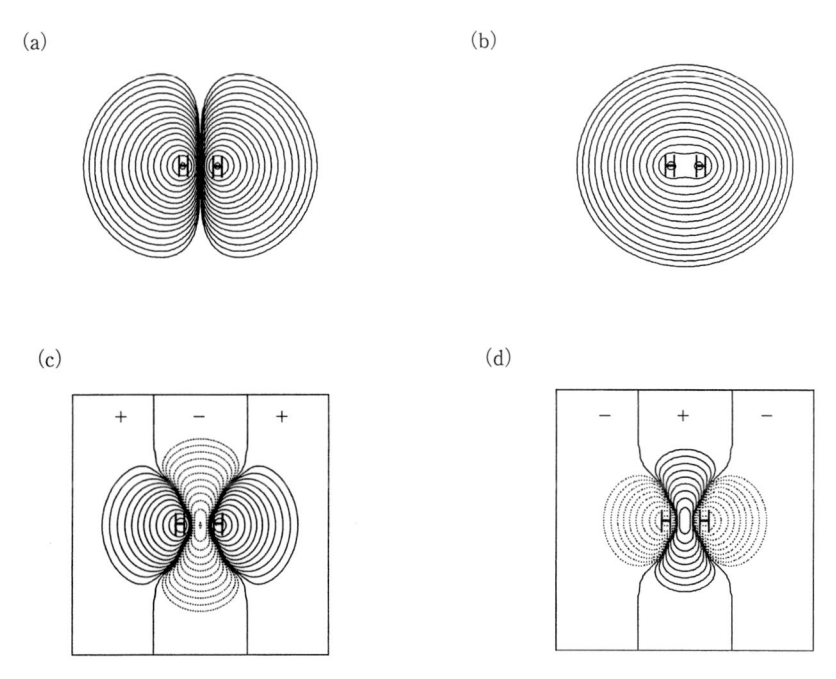

**図1·21** 水素分子の分子軌道の電子分布と各原子の電子分布からの変化
  (a)　反結合性軌道の電子密度
  (b)　結合性軌道の電子密度
  (c)　反結合性軌道と原子軌道の場合との差（中央が減少）
  (d)　結合性軌道と原子軌道の場合との差（中央が増加）

ゆる多重結合の原因となる.

### 1·5·7 混成軌道

図1·21と図1·22では，それぞれ，2つの原子の軌道どうしが接近して重なり合い，混じり合う効果によって，電子波が干渉し，結合力や反結合力ができる例が示された．次に，軌道の変形効果を調べてみよう．軌道の変形効果は，1つの原子の軌道にも起こりうる．他の原子の接近に伴う影響などによって，同じ原子の軌道どうしが混じり合うことがある．その例を図1·23に示す．

図1·23を見れば明らかなように，同じ原子の軌道の重なりから，特定の方

(a)

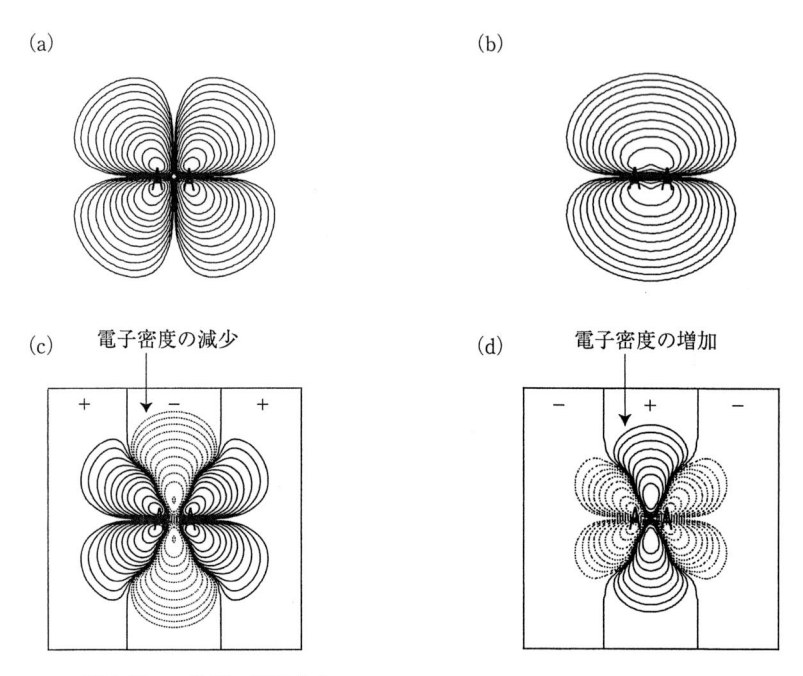

(b)

(c) 電子密度の減少

(d) 電子密度の増加

図 1·22 π 軌道の電子分布
    (a) 反結合性 π 軌道の電子密度
    (b) 結合性 π 軌道の電子密度
    (c) 反結合性 π 軌道と原子軌道の場合との差（中央が減少）
    (d) 結合性 π 軌道と原子軌道の場合との差（中央が増加）

向（位相のそろった方向）に電子密度の増加が生じるため，これによっても，原子核を特定の方向へ引っ張る力が生み出される．この効果（混成効果）については，分子中の電子のオービタル（分子軌道）について詳しくふれる第 4 章でまた議論する．

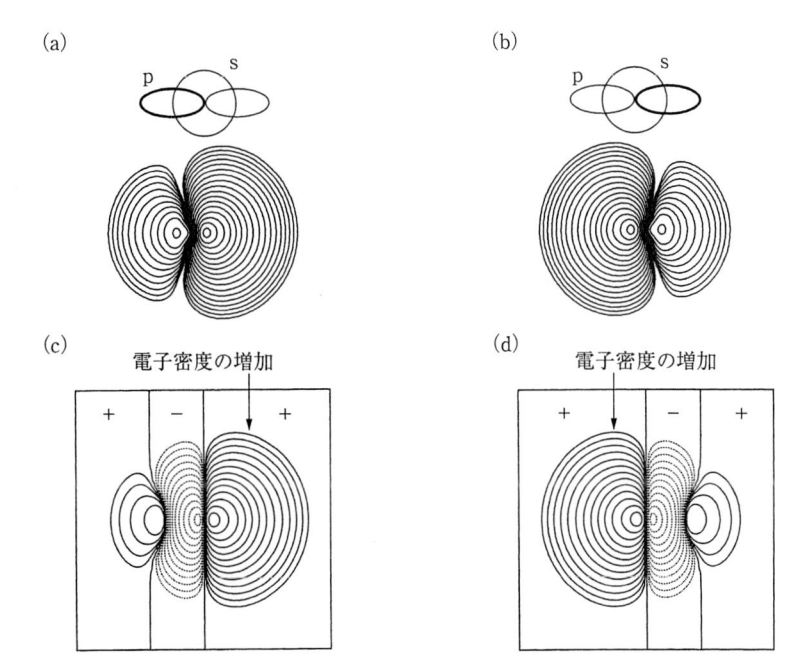

図 1・23 s軌道とp軌道の混合によるsp混成軌道の形成
(a) s軌道とp軌道による混成
(b) s軌道と逆向きのp軌道による混成
(c) 混成軌道(a)と単独のs軌道の電子分布との差（右側が増加）
(d) 混成軌道(b)と単独のs軌道の電子分布との差（左側が増加）

## Coffee Break I

### 分子軌道の化学的・数学的・物理的意味と線形結合の基底関数

分子中の電子のオービタルを分子軌道という．分子は原子から成るとする**化学的**な考えに基づいて，分子軌道 $\psi$ は $\phi_1$ や $\phi_2$ などの原子軌道で構成されると考えることができる．このことを**数学的**に表すと，$\psi = C_1\phi_1 + C_2\phi_2$ のように線形結合の形になる．線形結合の係数 $C_1$, $C_2$ の符号は，原子軌道が表す $\phi_1$ や $\phi_2$ の電子波が**物理的**に互いに強め合ったり弱め合ったり

して，波動どうしが重ね合わせられて干渉することと関係している．

　数学的に何らかの関数を線形結合で表すときに素材となる関数を基底関数 (basis function) という．数学的には基底関数として何を用いなければならないという特別な制約はない．分子軌道には，問題の本質から考えて分子の構成要素である原子の個性が関係するはずであり，実際，基底関数として原子軌道を使うと，少ない個数の関数で効率よく分子軌道を表現できる．したがって，量子力学を化学へ応用する量子化学の分野では，原子軌道関数を基底関数に採用した線形結合によって分子軌道を求める分子軌道法が広く利用されており，本書で学ぶ「分子軌道の組み立て原理」もこの考え方に従っている．

　量子化学計算で実際に使用される原子軌道関数には，計算の便宜から近似的なものが一般によく用いられている．例えばスレーターが提案した $e^{-\zeta r}$ に比例する形の軌道関数 (Slater type orbital, STO) や，それを $e^{-\alpha r^2}$ に比例する形の $n$ 個のガウス関数で展開した STO-$n$G や，ポープルらが開発した 4-31 G，6-31 G などがよく用いられている．本書では，基底関数として STO-3 G を用いた．

## 1・6　分子軌道の組み立て原理

　分子軌道は，分子軌道法と呼ばれる量子化学の方法で求めることができる．最近では，*ab initio* 分子軌道法と呼ばれる方法によって分子軌道の軌道関数とそのエネルギーをかなり精密に求めることが，市販のプログラム（ソフトウエア）と高性能のパソコンやワークステーション（ハードウエア）を用いて容易に行えるようになった．分子軌道に関する知識は，化学反応の仕組みを解き明かし新しい化学反応を設計するのにきわめて有益である．ここでは，このようなソフトウエアやハードウエアが備わった環境にいなくても，簡便な原理に基づいて分子軌道の特徴を容易に導き出す技法（分子軌道の組み立

て原理）を紹介する．

### 1・6・1 軌道どうしの重なり

　分子軌道は，原子の電子波である原子軌道どうしが互いに干渉し混じり合ってできる．このとき，それぞれの原子軌道の空間的な重なりが重要である．図1・24に示すように，遠く離れていると，ほとんど重なりがないため，原子の軌道はそれぞれもとのままで変化しない．近づいて互いに重なるようになると，干渉して混じり合い，図1・19で説明したように，結合性の電子波と反結合性の電子波が生まれ，これらが分子中の電子波を表す分子軌道となる．

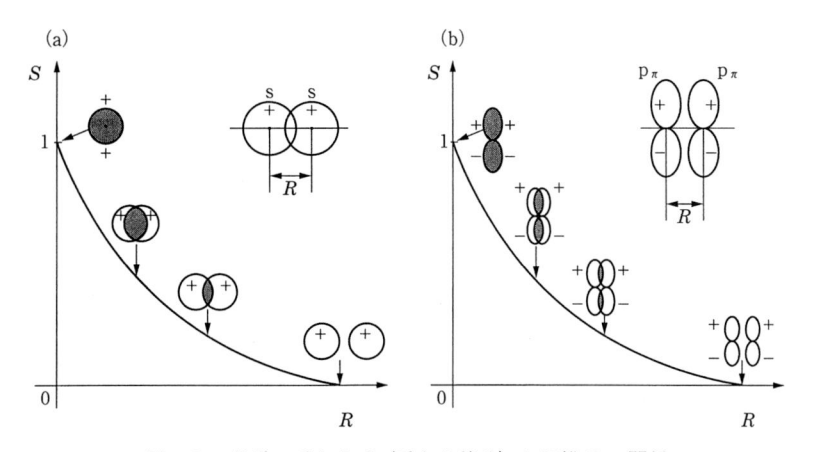

図1・24　軌道の重なり $S$（重なり積分）と距離 $R$ の関係

　図1・25に示したように，原子の軌道どうしの重なりには，いくつかの基本形があり，$\sigma$ 型，$\pi$ 型，$\delta$ 型などに分類される．この分類は，2つの原子を結ぶ軸を含む節面の個数と関係しており，$\sigma$, $\pi$, $\delta$, それぞれについて，その数は，0，1，2となっている．

　図1・24や図1・25の例では，軌道どうしが互いに近づくと重なりが増し，電子波の干渉や混合が起きるが，軌道どうしの組み合わせ方や相互の近づき方によっては，互いに近づいてもほとんど有効な重なりを示さず，干渉や混

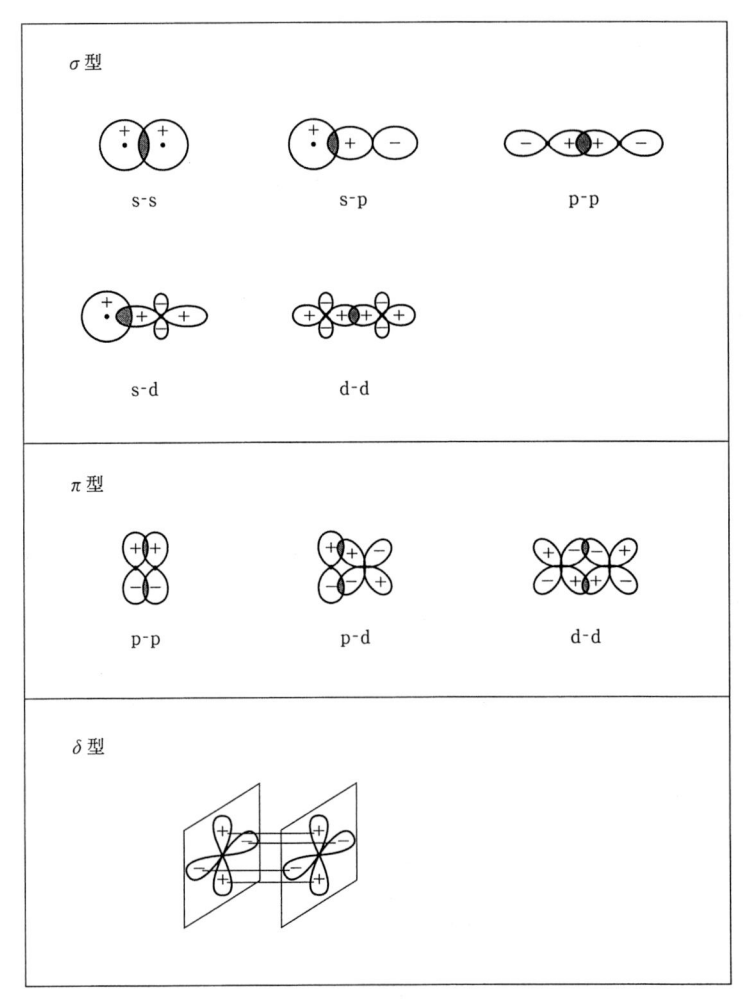

図 1・25 軌道の重なりの種類

合効果が現れないことがある．この不思議な現象は，電子波にはその節面を境にして軌道関数の符号を変える性質があることと関係している．2つの軌道の重なりを考えるときには，軌道関数の符号の空間的変化に注意しなければならない．図 1・26 の例のように，同符号の重なりと異符号の重なりがちょうど同じになっていて，全体として重なりが消えてしまう場合には，軌道ど

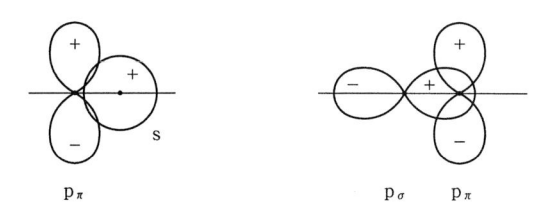

図1·26　対称性が合わずに消えてしまう重なり

うしは何の相互作用もせず，したがって，電子波の干渉や混合が起こらない．これは2つの軌道の対称性が違うためであり，このように全体として消えてしまう特殊な重なりを「対称性の合わない重なり」という．

重なりの効果による電子波どうしの干渉や混合，すなわち，軌道間の相互作用は，原子の軌道どうしだけでなく，原子と分子の軌道どうしや，分子と分子の軌道どうしでも同様であり，重なりが増せば増すほど顕著に起こり，逆に遠いか対称性が合わなくて重なりがないときには起こらない．

距離や対称性によって，重なりが無視できることによって軌道どうしの相互作用が単純になることは，多数の軌道どうしの相互作用を単純化して考えるときの論拠となり，分子軌道の組み立て原理において大変重要である．

### 1·6·2　軌道間のエネルギーの格差

電子波どうしの干渉や混合の仕方が電子軌道の空間的特徴に基づく重なりに支配されることを述べたが，その他に，相互作用する軌道どうしのエネルギーの相対的関係が，もう一つの大変重要な因子となる．

ひとことで言うと，相互作用する軌道どうしのエネルギーの格差が大き過ぎると，互いの電子波は，ほとんど干渉や混合の効果を示さない．逆に，エネルギーがほぼ等しいと，互いによく干渉し混じりやすい．このことは，原子軌道のエネルギー的階層構造と関係して重要であり，最外殻電子（原子価電子または価電子という）とそれより内側の電子殻に属する内殻電子とは，エネルギーの格差が大きいため，ほとんど相互作用しない．また，一般に最

外殻よりさらに外側の電子殻の影響を考慮しなくて差し支えないのも，エネルギーの格差が大きいからである．このように，エネルギーの格差の大きい軌道どうしの相互作用が無視できることも，多数の軌道どうしの軌道間相互作用を単純化して考えることの根拠となるため，分子軌道の組み立て原理において大変重要である．

この他，軌道どうしのエネルギーの相対的高低が，新しくできる軌道の特徴に重大な影響を及ぼすが，このことについては，後で詳しく述べる．

### 1・6・3 軌道間相互作用の原理

1・6・1と1・6・2で学んだように，互いに重なりがありエネルギー準位が同程度の高さの軌道どうしは，電子波としての干渉作用を起こして互いに混じり合い，新しい軌道を生じる．図1・27に，1対の軌道どうしの相互作用から新しい軌道がどのようにできるかを模式的に示した．図の両端に相互作用する前の各軌道のエネルギー準位と概形を，図の中央に相互作用の結果生まれる軌道のエネルギー準位と空間的特徴を，それぞれ示した．この図では，簡単のために2つの原子間の相互作用を考え，相互作用する前の軌道はそれぞれs軌道であるとして円で示してある．また，原子のイオン化エネルギーの違いを反映して相互作用する前の軌道のエネルギーに高低の格差があるとして，左側をより高く示してある．ここでは，左の原子を「高い方」，右の原子を「低い方」と呼ぶことにしよう．図1・27から明らかなように，1対の軌道

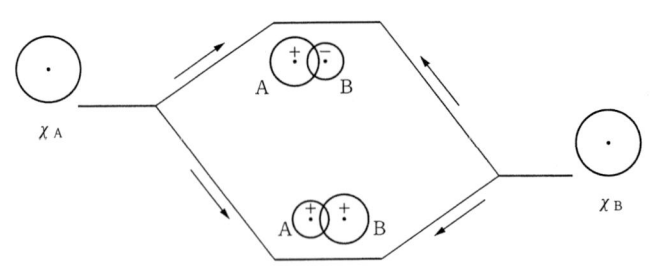

図1・27　1対1軌道間相互作用

## 1・6 分子軌道の組み立て原理

が相互作用すると，一般に次のようになる．

　低い方よりさらにエネルギー的に低くて安定な結合性の軌道が，低い方を主成分にして高い方が同符号で（電子波が重なる部分の電子密度を上げるように）少し混じってできる．また，高い方よりさらにエネルギー的に高くて不安定な反結合性の軌道が，高い方を主成分にして低い方が逆符号で（電子波が重なる部分の電子密度を下げるように）少し混じってできる．

　ここで，図 1・27 の軌道エネルギー準位の変化に付された矢印の向きに注意しよう．上から下へ向いた矢印は，電子波の干渉による混合作用が，同符号で強め合うように，また逆に，下から上へ向いた矢印は，逆符号で打ち消し合うように，それぞれ起こっていることを示している．

　実際に，原子や分子どうしの相互作用を考えるときには，単純な 1 対 1 軌道間相互作用だけでは，考えにくい場合もある．そのときには，次の「2 対 1 軌道間相互作用の原理」が威力を発揮する．これを知っているのといないのとでは，分子軌道の成り立ちの理解と予測に大きな違いがでる．図 1・28 では，左側に示したエネルギー的に「高い方」の軌道と「低い方」の軌道とが，どちらも右側に示した「相手」の軌道と相互作用するものとして，中央に新しい軌道の準位と形を示してある．図 1・28 から明らかなように，2 対 1 の軌道間相互作用でできる新しい軌道のエネルギーと形は，一般に次のようになる．

　新しい軌道のエネルギー準位は，相互作用する前の 3 つの軌道準位に対して，最も低いものよりも低いところに 1 つ，最も高いものよりも高いところに 1 つ，1 対の軌道の高い方と低い方の間のどこかに 1 つ，合わせて 3 つできる．新しい軌道の形は，それぞれ，次のようになる．エネルギー的に最も低くて安定な軌道は，高い方も低い方も上から下向きに相手に対して符号をそろえて電子波が互いに重なる部分の電子密度を大きく増加させるように混じり合い，結合性の強い軌道となる．エネルギー的に最も高くて不安定な軌道は，高い方も低い方も下から上向きに相手に対して符号を逆にして電子波が互いに重なる部分の電子密度を大きく下げるように混じり合い，反結合性の

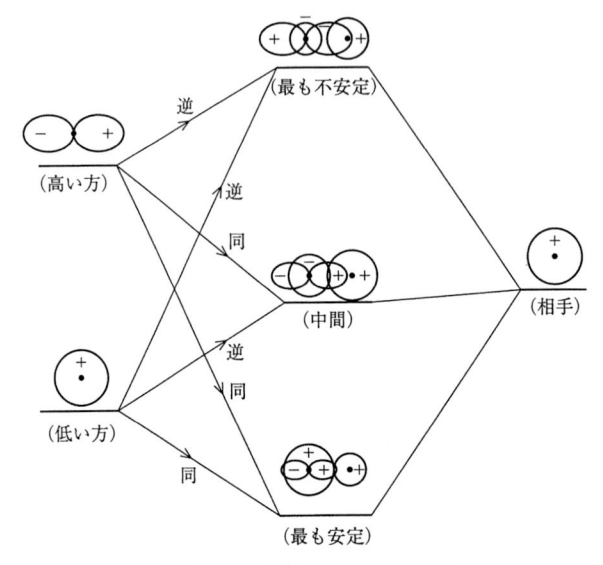

図1·28　2対1軌道間相互作用

強い軌道となる．中間的なエネルギーの軌道は，相手に対して，高い方は上から下向きに同符号で結合的に，低い方は下から上向きに逆符号で反結合的に，それぞれ混じってできる．新しい軌道への寄与の大小は3つの軌道のエネルギー的位置関係に依存するが，新しい軌道とのエネルギーの差が小さい順に新しい軌道への寄与が大きくなる．

　図1·28をよく見ると，1対の軌道の高い方と低い方の協力関係が面白い．すでに，軌道の変形効果のところで述べたことが起きている．図1·28の例では低い方をs軌道，高い方をp軌道としてあるが，最も結合性の強い軌道は，sとpの混成で相手方向に広がった電子波によって相手との重なりを強化して結合性が強められている．中間の安定度の軌道の場合には，sとpの波の符号がちぐはぐになっていて，逆向きの混成軌道の小さい広がり部分が相手と同符号で重なって中途半端で弱い結合性の軌道となっている*．

---

\*　この軌道は相手と反対側に電子の大きな広がりをもち，この特徴は配位結合や電気的極性と関係して重要な意味をもつことがある．

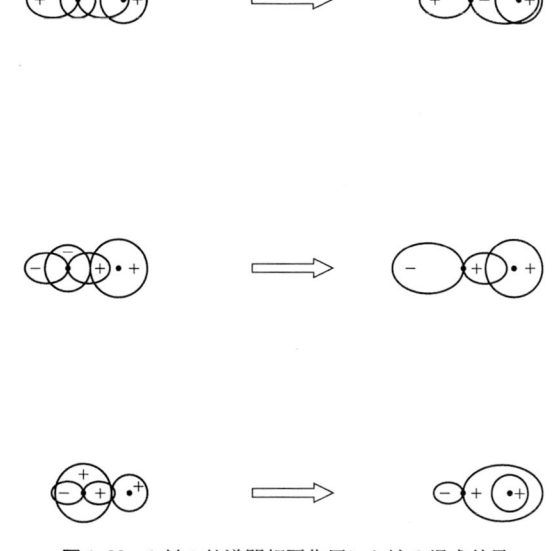

図1·29　2対1軌道間相互作用における混成効果

### 1·6·4　対称性と同等性

　分子軌道の組み立てを行うときに，分子の対称性を利用すると便利なことが多い．これは次のような同等性の原理に基づいている．$H_2$や$N_2$などの2原子分子では，2つの原子はまったく同等な関係にある．また，二酸化炭素分子の2つのO原子も真ん中のC原子を挟んでまったく同等な位置にある．このように，分子中で同等な関係にある原子どうしは，分子軌道を構成する軌道成分に同等の寄与をする(同等性の原理)．軌道成分として同等であるとは，電子波への寄与の大きさが同じであることを意味する．同等な2つの原子の軌道$\phi_1$と$\phi_2$から，分子軌道が$\psi = C_1\phi_1 + C_2\phi_2$として構成される場合を例に取ると，$C_1\phi_1$と$C_2\phi_2$の電子密度への寄与が互いに等しい．$\phi_1$と$\phi_2$は同等な原子軌道であるから，$|C_1| = |C_2|$となり，$C_1 = C_2$か$C_1 = -C_2$のどちらかになる．このように，分子中で同等な原子の軌道に対する分子軌道の係数の絶対値は互いに等しくなる．

## Coffee Break II

### 軌道エネルギー準位と光電子スペクトル

　分子軌道の量子化学計算で求められる軌道エネルギー準位は，実測されるイオン化エネルギー（電子1個を取り去るのに必要なエネルギー）と関係している．電子が物質から離れた状態のエネルギーを基準にしてそれをゼロとすると，原子や分子に保有されている電子の軌道エネルギー($\varepsilon$)は，それを取り去るのにイオン化エネルギー($I$)を必要とするので，その分だけ負になっているとみなしてよい．すなわち，$\varepsilon = -I$ となる．これをクープマンスの関係式という．この関係式は，近似的なものではあるが，実験と理論計算を比べるときに重要である．実験的には，原子や分子に一定のエネルギーの光を当てたときに，光電効果で飛び出てくる電子の運動エネルギー分布を観測する光電子分光法 (photoelectron spectroscopy) と呼ばれる方法によって，物質から電子1個を取り去ってイオン化するのに必要なイオン化エネルギーを実測することができる．光電子スペクトルの観測結果は，多くの分子について，量子化学計算で求められる軌道エネルギー準位とよい対応関係にあることが確かめられている．

# 第 2 章

## 原子軌道の図示
## ― 水素原子の原子軌道関数 ―

　第1章で原子軌道や分子軌道とはどのようなものであるかについての概要を学んだ．第2章では，原子軌道がどのようなものであるのか，軌道関数の具体的な関数形を示して，もう少し詳しく見てみよう．

まず最も基本的な原子である水素原子の1s軌道を図2・1に示す．1s軌道の原子軌道関数 $\psi_{1s}$ は，原子核の位置を原点にとった極座標を用いて，

$$\psi_{1s} = \frac{1}{\sqrt{\pi}} a_0^{-3/2} e^{-(r/a_0)}$$

という形に表され，空間の任意の位置に対して波動関数の値を与える．ここで，$r$ は原点からの距離，$a_0$ はボーア半径（図1・6参照）を表す．1s原子軌道関数を視覚的に表現するために，同一の値を持つ点を結んだ曲面が図2・1である．$\psi_{1s}$ は，原子核と電子の距離 $r$ だけに依存するため，丸い形になる．

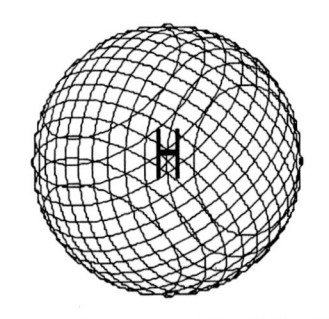

図2・1　水素原子の1s軌道（等値曲面図）

（長さの単位はÅ）

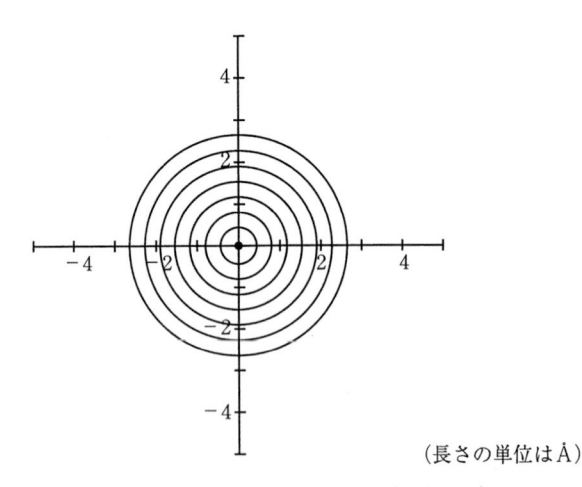

図2・2　水素原子の1s軌道（等高線図）

(長さの単位はÅ)

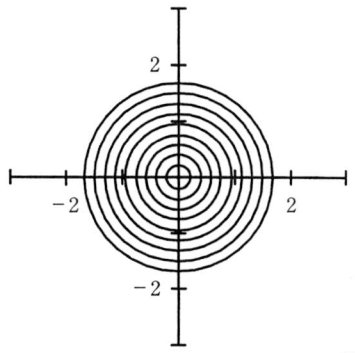

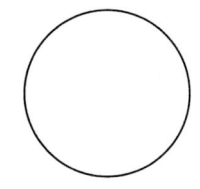

**図2・3** s軌道の模式図　　**図2・4** 水素原子の1s軌道の電子密度（等高線図）

図2・2は $\psi_{1s}$ を，原点を通る $z = 0$ という平面において波動関数の値の等高線を描いたものである．この図は多数の同心円からなる．図2・1や図2・2の特徴を，模式的に記号で略記するときには，1つの円で代表させ図2・3のように示す．水素原子の波動関数の値を2乗して電子密度の等高線図としたもの

$$\psi_{1s}^2 = \frac{1}{\pi} a_0^{-3} e^{-(2r/a_0)}$$

を図2・4に示す．同様に，以下の式で表される水素原子の $2p_x$ 軌道の $\psi$ 及び $|\psi|^2$ の等高線図を図2・5に示す．

$$\psi_{2p_x} = \frac{1}{4\sqrt{2\pi}} a_0^{-5/2} x\, e^{-(r/2a_0)}$$

$$\psi_{2p_y} = \frac{1}{4\sqrt{2\pi}} a_0^{-5/2} y\, e^{-(r/2a_0)}$$

$$\psi_{2p_z} = \frac{1}{4\sqrt{2\pi}} a_0^{-5/2} z\, e^{-(r/2a_0)}$$

$$|\psi_{2p_x}|^2 = \frac{1}{32\pi} a_0^{-5} x^2\, e^{-(r/a_0)}$$

$$|\psi_{2p_y}|^2 = \frac{1}{32\pi} a_0^{-5} y^2\, e^{-(r/a_0)}$$

$$|\psi_{2p_z}|^2 = \frac{1}{32\pi} a_0^{-5} z^2\, e^{-(r/a_0)}$$

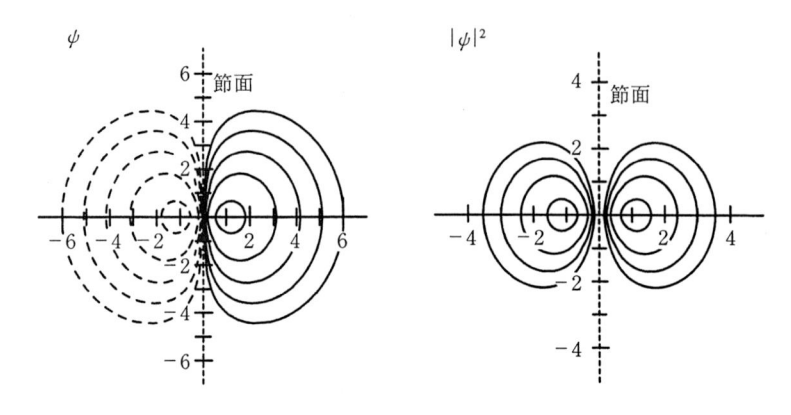

図 2·5 水素原子の 2 $p_x$ 軌道の $\psi$ 及び $|\psi|^2$（等高線図）

（長さの単位は Å）

## Coffee Break III

### 規格化条件と軌道関数の規格化

$\psi_{2p_x}$ などの各軌道関数について，規格化条件（軌道関数の絶対値を 2 乗して全空間で積分した値 = 1) より以下の関係が成立しているはずである．

$$\int_{-\infty(z)}^{\infty}\int_{-\infty(y)}^{\infty}\int_{-\infty(x)}^{\infty} |\psi_{2p_x}|^2 \,\mathrm{d}x\mathrm{d}y\mathrm{d}z = 1 \cdots\cdots ①$$

このことを，$\psi_{2p_x}$ を例にとって積分を実行して確認してみよう．

$|\psi_{2p_x}|^2 = \dfrac{1}{32\pi} a_0^{-5} x^2 \mathrm{e}^{-(r/a_0)}$ を左辺に代入し，極座標 ($x = r\sin\theta\cos\phi$, $y = r\sin\theta\sin\phi$, $z = r\cos\theta$, $\mathrm{d}x\mathrm{d}y\mathrm{d}z = r^2\sin\theta\,\mathrm{d}r\mathrm{d}\theta\mathrm{d}\phi$, 積分区間 $r = 0 \sim \infty$, $\theta = 0 \sim \pi$, $\phi = 0 \sim 2\pi$) を用いて変数分離を行うと，

$$\text{左辺} = \dfrac{1}{32\pi} a_0^{-5} \int_{0(\phi)}^{2\pi}\int_{0(\theta)}^{\pi}\int_{0(r)}^{\infty} r^4 \sin^3\theta \cos^2\phi\, \mathrm{e}^{-(r/a_0)} \,\mathrm{d}r\mathrm{d}\theta\mathrm{d}\phi$$

$$= \frac{1}{32\pi} a_0^{-5} \left\{ \int_{0(r)}^{\infty} r^4 e^{-(r/a_0)} \, dr \right\} \left\{ \int_{0(\theta)}^{\pi} \sin^3\theta \, d\theta \right\} \left\{ \int_{0(\phi)}^{2\pi} \cos^2\phi \, d\phi \right\}$$

$$= \frac{1}{32\pi} a_0^{-5} \{4! \, a_0^5\} \left\{ \left[ \left( -3\cos\theta + \frac{1}{3}\cos 3\theta \right) \Big/ 4 \right]_0^{\pi} \right\}$$

$$\times \left\{ \left[ \left( \phi + \frac{1}{2}\sin 2\phi \right) \Big/ 2 \right]_0^{2\pi} \right\}$$

$$= \frac{1}{32\pi} a_0^{-5} \{24 a_0^5\} \{4/3\} \{\pi\}$$

$$= 1$$

となり，①式が成立していることが確認できる．
（なお，ここでの式変形には以下の数学公式を利用した．）

$$\int_0^{\infty} x^n e^{-ax} \, dx = n!/a^{n+1} \quad (a > 0)$$

$$\sin^3\theta = (3\sin\theta - \sin 3\theta)/4$$

$$\cos^2\theta = (1 + \cos 2\theta)/2$$

p軌道は，軸対称性をもち，原点を含み軸に垂直な面を境にして一方と他方で符号が変わる特徴をもつので，図2·6のように8の字型の図形で代表させて示す．

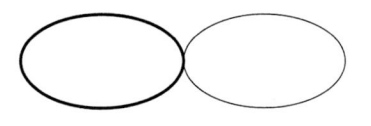

図2·6　p軌道の模式図

　多電子原子の原子軌道は，水素原子の場合と同じ名前で呼ばれるが，その空間分布や軌道エネルギーはもちろん水素のものとは異なる．しかし，空間分布の角度依存性や動径分布関数（Coffee Break IV参照）の主な特徴は水素原子のものと共通するので，原子軌道を表す略図として図2·3や図2·6と同じ図が用いられる．

## Coffee Break IV

### 電子分布の表示

動径分布関数 $D(r)$ は，半径 $r$ と $r + dr$ の2つの球面にはさまれた空間に電子を見いだす確率を $D(r)dr$ としたときの $D(r)$ として求められる．以下の式で表される水素原子の1s軌道関数と2s軌道関数の動径分布関数の例を以下に示す．

$$D_{1s}(r) = 4a_0^{-3} r^2 e^{-(2r/a_0)}$$

$$D_{2s}(r) = \frac{1}{8} a_0^{-3} r^2 (2 - r/a_0)^2 e^{-(r/a_0)}$$

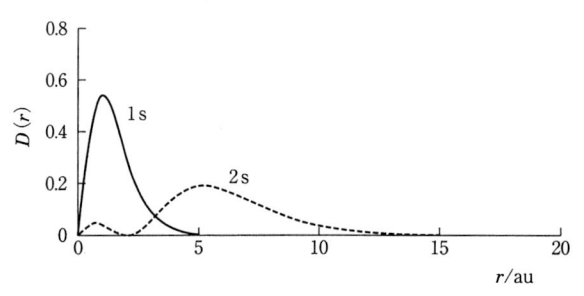

①動径分布関数

また，s, $p_x$, $d_{z^2}$ 原子軌道関数の角度依存性（極座標表示）を②に示す．

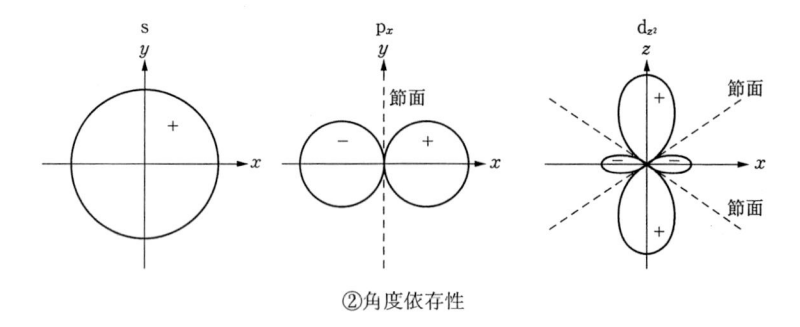

②角度依存性

極座標表示は軌道関数の絶対値 $|\phi|$ の値が，$r$ を一定にしたときにどの方向でどれだけの大きさになるかを示したものである．角度依存性の図を見て，電子の空間分布を示す図だと早合点しないよう注意してほしい．

# 第3章

## 分子軌道の組み立てと図示の基本

この章では，前章までに学んだことを，$H_2$分子に応用し，分子軌道の組み立て方の基本を学ぶ．

分子軌道を組み立てる「材料」となる原子軌道を図示する方法を第2章で学んだので，この章では分子軌道を具体的に取り扱うことにしよう．分子軌道を計算するには，原子の位置座標*，線形結合の基底関数となる原子軌道関数を用意して，計算プログラムを利用すればよい．原子の座標はマイクロ波や電子線を用いて実験的に決定されたものを用いる**．標準的な基底関数はプログラムに既に組み込まれている場合が多い．ここでは，各原子について内殻電子と価電子の原子軌道をすべて1組ずつ用いる「最小基底」と呼ばれる基底関数系を用いて話を進める．市販の計算プログラムで用いられるこのような基底としては，STO-3Gと呼ばれるものがあり，本書の計算結果はこれに基づいている．

いま水素分子について計算するとしよう．2つの原子をそれぞれ $H_A$, $H_B$ として，その原子間距離(0.741 Å)だけ離れた場所に原子核を配置し，またその各々の場所に基底関数としての水素原子の1s原子軌道を置き，これら2つの基底関数を $\psi_{A1s}$, $\psi_{B1s}$ と呼んでおく．

求める分子軌道 $\psi$ は，それらの線形結合で表すと，

$$\psi = C_1 \psi_{A1s} + C_2 \psi_{B1s}$$

となるが，分子の対称性を考えると同等性の原理(p.43参照)より $C_1 = \pm C_2$ となるはずであり，計算を行ってみると実際に $C_1 = +C_2$ という解と，$C_1 = -C_2$ という2つの解が得られる．

この一番目の解は，2つの1s原子軌道が同じ符号（同位相）で重ね合わされてできた分子軌道であり，結合性軌道と呼ばれる．この場合2つの原子の中間領域では原子単独の場合の電子密度を原子2個分足し合わせたものよりも高い電子密度となり，これが2つの原子核を結び付ける結合力を担ってい

---

\* 分子中の原子がどのような幾何学的配置で並んでいるか（分子構造）を示す情報として3次元座標を与える代わりに，計算機プログラムによっては，結合の長さや結合角などを与えるだけで，自動的に座標を計算してくれるものもある．

\*\* エネルギーが低くなるように構造を少しずつずらしていって安定な分子構造を求めることを構造最適化といい，これを自動的に行う計算機プログラムもある．

る．この場合，得られた軌道エネルギーは元の原子軌道の軌道エネルギーよりも低く，安定なものになっている．

一方二番目の解は，2つの1s原子軌道が反対符号（逆位相）で足し合わされている．このような軌道は反結合性軌道と呼ばれる．この場合，2つの原子核の中間領域の電子密度は相対的に低くなり，原子核どうしに働く静電反発力を抑制する力は小さく，軌道エネルギーも結合性軌道より大きな値をとる．

分子の基底状態においては，パウリの原理に従って低い軌道エネルギーの軌道から順に電子が2個ずつ収容されていくので，水素分子の場合，結合性軌道に2個（$\alpha$スピンと$\beta$スピンで）電子が収容されることになる．

空間的に孤立している2個の1s軌道が互いに近づいて相互作用し，結合性軌道と反結合性軌道が生成し，水素分子が形成されることを図で表現したものを，図3・1に示す．原子軌道は第2章で用いた記号を使用し，軌道エネルギーの高低は水平に引いた線の高さで表現する．分子軌道を構成する際の係数の符号は図の線の太さ，破線，色づけなどで区別して表現し，係数の大きさの絶対値は原子軌道を表す図形の大きさ（面積）に反映させる．

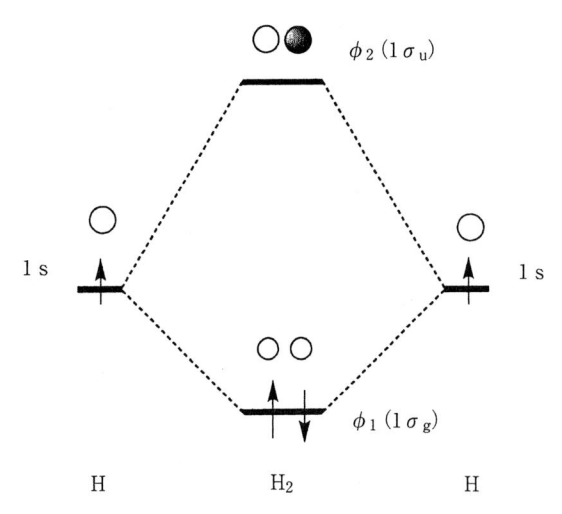

図3・1 水素分子の分子軌道の成り立ち

$\phi_2(1\sigma_u)$

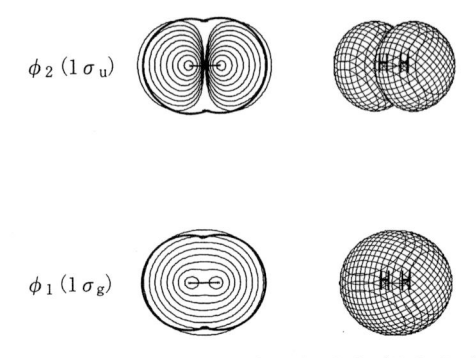

$\phi_1(1\sigma_g)$

図3・2　水素分子の分子軌道の電子密度（等高線図）

　実際に分子軌道計算を行い，得られた結果を用いて描いた電子密度の等高線図を図3・2に示す．左側の図は，2つの原子核を含む切断面上での等電子密度線とファンデルワールス面（各原子をファンデルワールス半径の球面で表して求めた分子表面）の外形を重ね書きしたものである．1本ごとの等電子密度線の示す値は2倍刻みになっており，また一番外側の等電子密度線より低い値に対応する等高線は省略してある．右側の図は，左側の図の一番外側の等高線の値に対応する等高面を，立体的に描き，分子軸に対して斜めの方向から見た図である．コンピューターを用いた計算を行わなくても，図3・1までは定性的な考察に基づいて描くことができる．

　一般に，分子軌道の組み立てにおいて$n$個の基底関数を用いると，その線形結合として$n$個の解が得られる．軌道の相互作用は，対称性の合わない軌道どうしの間では起こらず，また軌道どうしの重なりが大きく，軌道どうしのエネルギーの差が小さいほど大きい．複数の軌道が混合して新しい分子軌道を作る場合，以下の軌道混合則が成り立つ．

　[1対1軌道混合則]　2個の軌道が結合する場合，結合性軌道と反結合性軌道の2個の分子軌道が生成する．結合性軌道は元の軌道のうち軌道エネルギーの低い方を主成分とし，これに軌道エネルギーの高い方が同位相で混入する．一方，反結合性軌道は，軌道エネルギーの高い方を主成分とし，これに

低い方が逆位相で混入する．これらのもとの軌道からの変形の程度は，軌道間の重なりが大きく，また軌道間のエネルギー差が小さいほど大きい．

［2対1軌道混合則］2個の軌道に新たに1つの軌道を結合させる場合，計3個の軌道が生成する．最も安定な軌道は，2個の軌道とも相手側の1つの軌道と同位相で混合して生成し，最も不安定な軌道は2つの軌道が相手の1つの軌道と共に逆位相で混合してできる．中間的な安定度の軌道は，2個の軌道のうちエネルギーが高い方が相手の1つの軌道と同位相で混合し，低い方は逆位相で混合することによって生成する．

次章では，種々の分子について分子軌道を組み立て，その電子分布を見てみよう．

## Coffee Break V

### 分子の構造を決めているもの

この章では，分子中の原子の座標は実験から求めたものを用いた．ところで，自然界で分子の構造を定めているのはいったい何なのだろうか．分子の世界を支配しているのは，波動方程式とも呼ばれるシュレーディンガー方程式であり，分子の構造もこれで決まっている．本章では分子の構造が初めから分かっているものとして量子化学計算プログラムを用いて電子分布やエネルギーを求めているが，とりあえず分子構造を仮定して計算し分子の全エネルギーを求め，また少し構造を変えて同じことを繰り返し，すべての構造について調べると，その中で全エネルギーが最低の構造が，基底状態の分子構造となる．この手続きは構造最適化(geometry optimization)と呼ばれ，与えた初期値から，よりエネルギー的に安定な構造を一定のアルゴリズムで探す方法が用いられている．つまり計算可能な分子については，実験する前に分子の構造を精密に予言することが今日可能になっており，宇宙のはるか遠方に存在する星間分子の発見などにもこの手法が

大いに役立っている．また，上記の計算に伴って分子構造の微小変形に伴うエネルギー変化が求められるが，このことは分子を変形させるのに必要な力の大きさを見積もることと同等であり，分子の固有振動数を推定することができる．これは赤外線吸収スペクトルを予測することに繋がる．この他，分子軌道計算で得られる波動関数から，分子の双極子モーメントや磁気的性質等，いろいろな情報を引き出すことができ，物質科学の様々な領域と深く関わっている．

# 第4章

# いろいろな分子の分子軌道

　第3章までで，分子軌道の組み立て方や図示の仕方の基本を学んだ．本章ではいろいろな分子について具体例を見てみよう．本章で示す分子軌道の電子密度図やエネルギー準位図は，実際に行った分子軌道計算の結果に基づいて，できるだけ正確な図になるようにつとめたが，本質的に重要な特徴については，計算を行わなくても，かなりのところまで，定性的に予測することが可能である．定性的予測法を習得すると，分子軌道計算の結果について，妥当なものであるかどうかを吟味して化学的な意味をしっかりと解釈することができるようになる．分子軌道の組み立てに関する基本的な考え方は，どの分子についても共通している．本章の取り扱いをマスターできれば，他の分子についても，容易に分子軌道を組み立てて準位図や軌道の形を描くことができるようになるであろう．

## 4・1 水素化リチウム (LiH)

水素化リチウム (LiH) の分子軌道の成り立ちを表す図を，図4・1に示す*．この図は，単独のリチウム原子（左側）と水素原子（右側）の原子軌道が，互いに接近して相互作用し，新たに LiH 分子（中央）の分子軌道が形成され

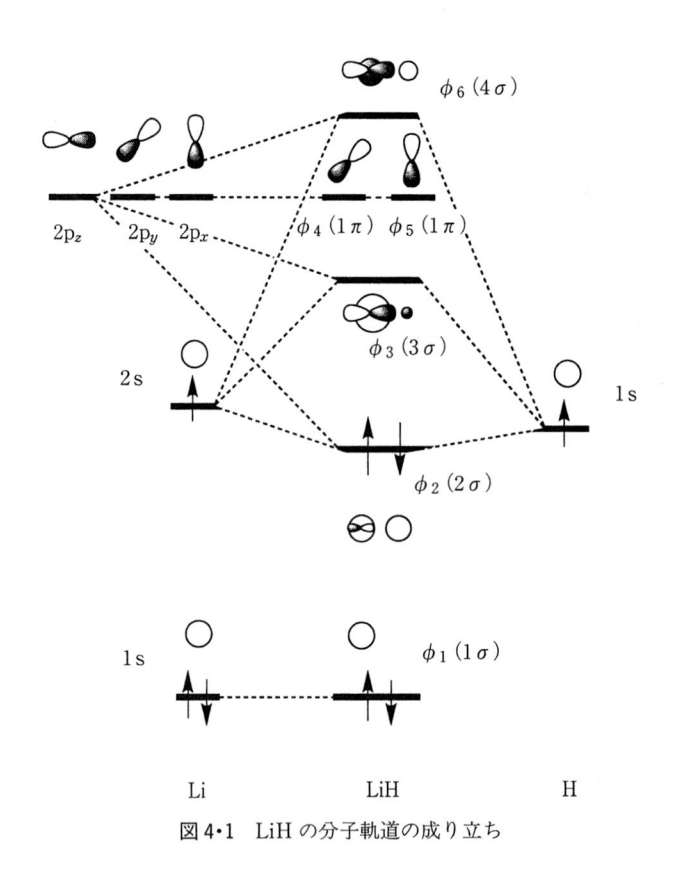

図4・1　LiH の分子軌道の成り立ち

---

\* 図の上下はエネルギーの高低を表す．内殻電子も含めて準位図の全体を正確に書こうとすると価電子準位の微妙な違いが分からなくなるため，エネルギー準位は価電子についてなるべく正確になるようにし，内殻電子については便宜的に図の下方に示した．この取り扱いは分子軌道の成り立ちを示す他の図においても同様である．

## 4・1 水素化リチウム (LiH)

ることを示している. なお, この図では, 便宜的に結合軸方向を $z$ 軸としている.

まず, 水素原子の基底状態の電子配置は $(1s)^1$ であり, 基底関数として 1 s 軌道のみを考える. 一方, リチウム原子の基底状態の電子配置は $(1s)^2(2s)^1$ であるが, 2 s 軌道と同じ電子殻に属する 2 p 軌道も基底関数に含める.

リチウム原子の 1 s 軌道 (Li 1s 軌道) は, 内殻電子の軌道であり, その軌道エネルギー ($-63.9$ eV) は, 水素原子の 1 s 軌道 (H 1s 軌道) のエネルギー ($-12.70$ eV) よりはるかに低い. また, 内殻電子の軌道は, 価電子の軌道と比べて空間的な広がりが極端に小さく, 他の軌道とほとんど重ならない. これらの理由により, Li 1s 軌道は, H 1s 軌道とほとんど相互作用せず, ほぼそのまま, LiH の分子軌道の中で最低エネルギーの分子軌道 ($1\sigma$) となり, LiH 分子の 4 個の電子のうち, まず 2 個の電子がこの分子軌道に入る.

次に Li 2s, Li 2p 及び H 1s の相互作用を考える. まず Li 2s と H 1s の相互作用だけを考えると, 水素分子の場合と同様に, 互いに同符号で結び付けられた結合性軌道と, 異符号で結び付けられた反結合性軌道が得られる. この結合性軌道が LiH 分子の HOMO (highest occupied molecular orbital ; 最高被占軌道) であると考えてよい. ここでさらに, Li 2s 軌道とエネルギーの格差が小さい Li 2p 軌道の寄与も考慮してみよう. 結合軸方向の $z$ 軸とは垂直な方向の $2p_x$, $2p_y$ 軌道は, 上記の結合性及び反結合性の軌道の何れとも対称性の不一致のため重なり積分が 0 となるので相互作用しない. したがって, Li 2s, Li $2p_x$, Li $2p_y$, Li $2p_z$ 軌道と H 1s 軌道の合計 5 個の原子軌道が相互作用した結果生じる分子軌道としては, Li 2s, Li $2p_z$, H 1s の 3 個の原子軌道が相互作用して生じる 3 個の分子軌道 ($2\sigma$, $3\sigma$, $4\sigma$) と, 純粋な Li $2p_x$, Li $2p_y$ 軌道の 2 個 ($1\pi$) からなることが分かる. 結局, 分子の HOMO は, Li 2s, Li $2p_z$, H 1s の 3 個の原子軌道が結合的に相互作用した軌道になり, この軌道に残り 2 個の電子が入って LiH 分子の電子配置が完成する.

分子軌道計算で得られた分子軌道の電子密度図 (断面図と立体図；図左列

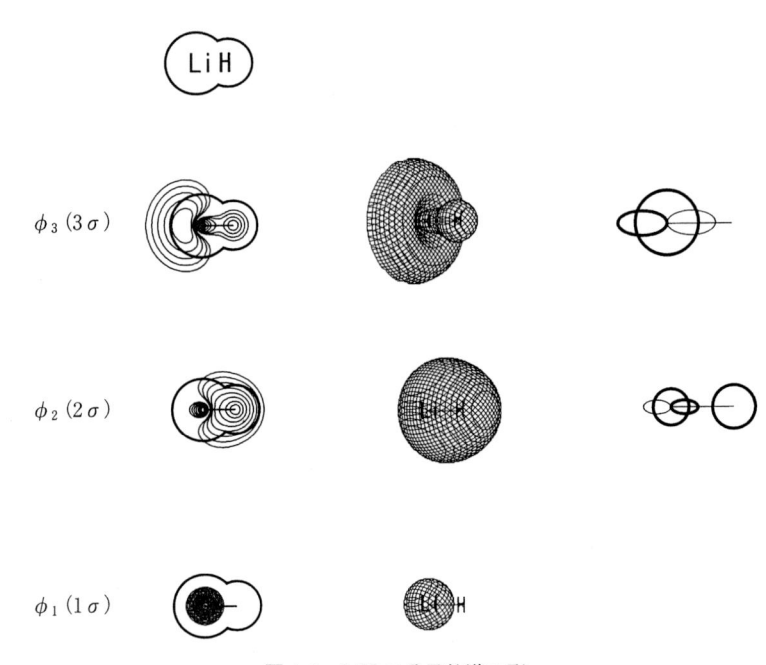

図4・2　LiHの分子軌道の形

と中央列）及び分子軌道に対する各原子軌道の寄与（係数）を価電子について示した模式図（右列）を，図4・2に示す．エネルギー的に一番下の分子軌道 $\phi_1$ は，ほぼ純粋に Li 1s 軌道そのものであり，Li 原子の近傍で分子の内側に小さく縮んで分布している．それに比べて HOMO である $\phi_2$ は分子の表面から水素原子側で大きく分子の外側に電子分布が張り出している．$\phi_2$ 軌道は，LiH 分子の化学結合と電気的極性を担っている．$\phi_2$ 軌道の電子分布から明らかなように，Li 原子の方が H 原子よりも陽性が強いので LiH 分子の電子分布は H 原子の方に片寄っている．化学反応は分子の HOMO や LUMO (lowest unoccupied molecular orbital；最低空軌道）の重なりに大きく支配されるので，図4・2のような分子軌道の電子分布を示す図は，分子の反応部位を考えるときに役に立つ．

## Coffee Break VI

### 分子軌道の空間分布

　分子軌道の空間分布に関する情報は，実験的にはどのようにして調べることができるのであろうか．光電子分光法とよく似た実験手法にペニングイオン化電子分光法がある．これは光電子分光法で用いる入射光の代わりに一定の励起状態にあるヘリウム原子などの励起原子を用いるもので，測定対象となっている分子軌道と励起原子の内殻空軌道との空間的重なりが大きいほど電子が放出されやすいため，得られる電子スペクトルの強度分布には，分子軌道の空間分布に関する情報が反映される．このようにして得られる実験結果は，分子軌道計算で求められる分子軌道から予測されるものとよく一致し，各分子軌道を2乗して得られる電子密度の空間分布が実験とよく対応するものであることが示される．これとは別に，試料に電子を照射して，衝突で加えられたエネルギーによって試料がイオン化されて放出される電子(1)と試料に散乱されて跳ね返った電子(2)の両方を観測する(e, 2e)電子分光法という手法を用いると，電子がもっている運動量の変化を通じて，試料の分子軌道の運動量空間における分布に関する情報を得ることができ，分子軌道計算で得た分子軌道と実験結果とを詳細に比較することができる．また，分子が吸着した固体表面に対してSTM (Scanning Tunneling Microscope；鋭く尖らせた電極をサンプルに近づけ表面を走査し，流れるトンネル電流等を観測することにより原子レベルでの表面状態に関する情報を得る装置)を適用することによって，分子軌道の空間分布を議論することも行われるようになりつつある．

## 4・2 フッ化水素 (HF)

フッ化水素 (HF) の分子軌道の成り立ちを表す図を，図4・3に示す．この図は，単独のH原子（左側）及びF原子（右側）の原子軌道が互いに接近して相互作用し，新たにHF分子（中央）の分子軌道が形成されることを示している（結合軸方向を$z$軸とする）．H原子$(1s)^1$の1s軌道及びF原子$(1s)^2(2s)^2(2p)^5$の1s, 2s, 2p軌道を基底関数として考える．F原子の1s軌道(F1s)は，内殻電子の軌道であり，その軌道エネルギー($-706.2\,\mathrm{eV}$)

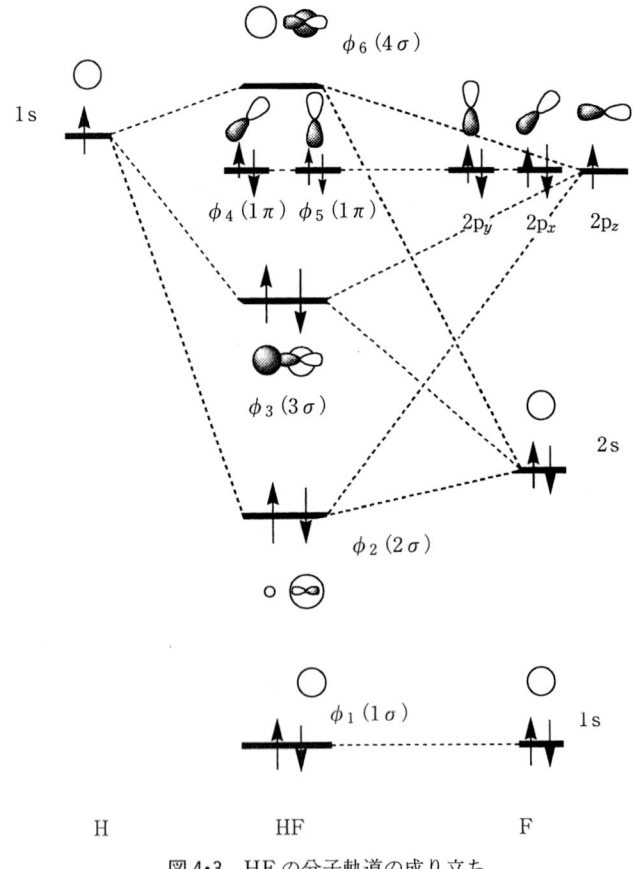

図4・3 HFの分子軌道の成り立ち

## 4・2 フッ化水素（HF）

は，H原子の1s軌道（H1s）のエネルギー（$-12.70\,\mathrm{eV}$）よりはるかに低い．また，内殻のF1s軌道は空間的な広がりが非常に小さいのでH1s軌道とほとんど重ならない．これらの理由により，F1sはH1sとほとんど相互作用せず，ほぼそのまま，HFの分子軌道の中で最も安定な分子軌道（$1\sigma$）となり，HF分子の持つ10個の電子のうち，まず2個の電子がこの分子軌道に入る．

次にF2s，F2p及びH1sの相互作用を考える．前節のLiHの場合とまったく同様に，F$2\mathrm{p}_x$軌道とF$2\mathrm{p}_y$軌道は，H1s軌道とは対称性が合わないため相互作用せず，そのまま単独で分子軌道（$1\pi$）となる．残るF2s，F$2\mathrm{p}_z$及びH1sの計3個の軌道が相互作用し，その結果，2対1の相互作用によって図のような位相関係で混合し新たな分子軌道（$2\sigma$，$3\sigma$，$4\sigma$）を構成する．得られた分子軌道に下から2個ずつ電子を詰めてHF分子の電子配置が完成する．下から2番目の分子軌道$\phi_2$は2対1相互作用により得られた軌道ではあるが，その線形結合の係数は圧倒的にF2sが大きい（図4・4参照）．したがって，$\phi_2$軌道の性格はF2s軌道にかなり近い．

なお，F原子の原子軌道のエネルギー準位図において，縮重した3つのp軌道を出発点として考察しているが，厳密には電子が対で配置されている$2\mathrm{p}_x$，$2\mathrm{p}_y$軌道と1個（不対電子）だけを収容している$2\mathrm{p}_z$軌道では，エネルギー準位が少し違ってくる．第1章で学んだ軌道間相互作用の原理に基づいて，定性的な考察をするときには，図4・3のように縮重しているものとして考察を進めて差し支えない．以下，本書では，原子のp軌道は縮重しているものとして取り扱った．

分子軌道計算で得られた分子軌道の形を表す電子密度図と模式図を図4・4に示す．最もエネルギーの低い（一番下の）分子軌道$\phi_1$は，ほぼF1s軌道そのものであり，F原子核の近傍で分子の内側に小さく縮んで分布している．下から2番目の軌道$\phi_2$はF2s軌道と類似していることが見て取れるであろう．また下から3番目の軌道$\phi_3$は，H1s軌道に対し，F$2\mathrm{p}_z$軌道は同位相

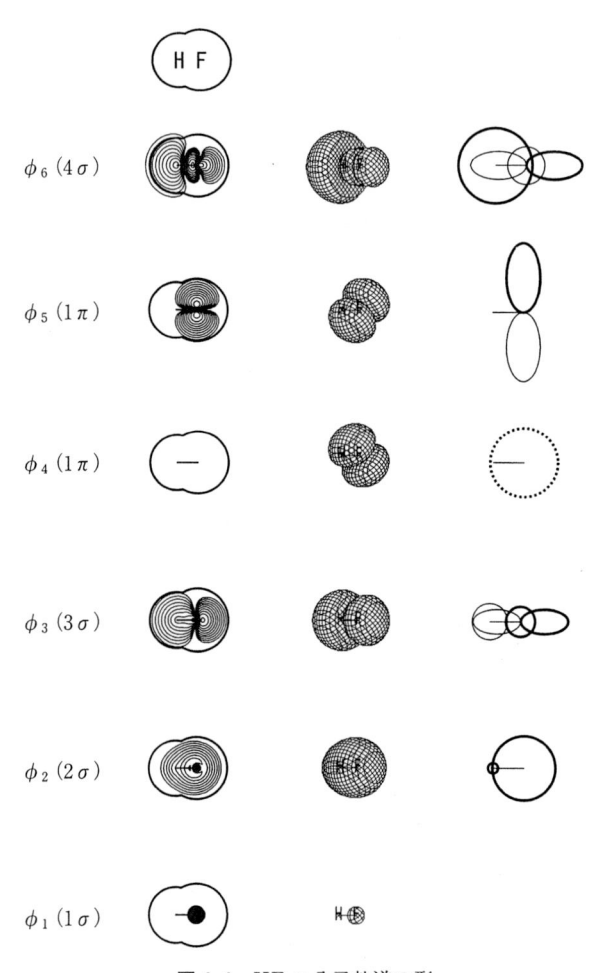

図4・4　HFの分子軌道の形

であるが，F2s軌道は逆位相になっているため，結合力への寄与は大きくないと言える．$\phi_4$と$\phi_5$は縮重しており，F2$p_x$，F2$p_y$に対応して，ほぼ純粋な2p軌道であることが分かる．なお，$\phi_4$では，電子密度の描画切断面が分子軌道の節面と一致しているため，図4・4の左端の電子密度図には何も現れていない．

## Coffee Break VII

### 1s軌道あれこれ

　名称は同じ1s軌道でも，その軌道エネルギーは水素, リチウム, フッ素でそれぞれ $-12.70\,\mathrm{eV}$, $-63.90\,\mathrm{eV}$, $-706.2\,\mathrm{eV}$ と大きく異なっている. その主な理由は, それぞれの原子核の電荷が $+1\mathrm{e}$, $+3\mathrm{e}$, $+9\mathrm{e}$ と異なっていることに起因している. 中心の核電荷 $+Z\mathrm{e}$ の周りを1個の電子が回る水素様原子では, 電子エネルギー準位は $Z^2$ に比例することが知られている. そこで, $\mathrm{Li}^{2+}$, $\mathrm{F}^{8+}$ イオンについて1s軌道の軌道エネルギーを計算すると, それぞれ $-12.70\,\mathrm{eV}$ (水素1s軌道の軌道エネルギー) $\times\, 3^2 = -114.3\,\mathrm{eV}$, $-12.70\,\mathrm{eV} \times 9^2 = -1028.7\,\mathrm{eV}$ となる. これらの値は中性原子の1s軌道のそれより大幅に絶対値が大きい. この違いの原因は, 主として他の電子からのクーロン反発作用であり, その効果によって中心の核電荷による静電引力が実質的に弱められる（遮蔽される）ことに由来する.


## 4・3 CHラジカル

　CHラジカルの分子軌道の成り立ちを表す図を, 図4・5に示す. この図は, 単独のC原子（左側）及びH原子（右側）の原子軌道が互いに接近して相互作用し, 新たにCHラジカル分子（中央）の分子軌道が形成されることを示している（結合軸方向を $z$ 軸とする）. H原子 $(1\mathrm{s})^1$ の1s軌道及びC原子 $(1\mathrm{s})^2 (2\mathrm{s})^2 (2\mathrm{p})^2$ の1s, 2s, 2p軌道を基底関数として考える. C原子の内殻1s軌道（C1s）の軌道エネルギーは, H原子の1s軌道（H1s）のエネルギーよりはるかに低く, また, 内殻C1s軌道は空間的な広がりが非常に小さいのでH1s軌道とほとんど重ならない. これらの理由により, C1sはH1sとほとんど相互作用せず, ほぼそのまま, CHの分子軌道の中で最も安定な分

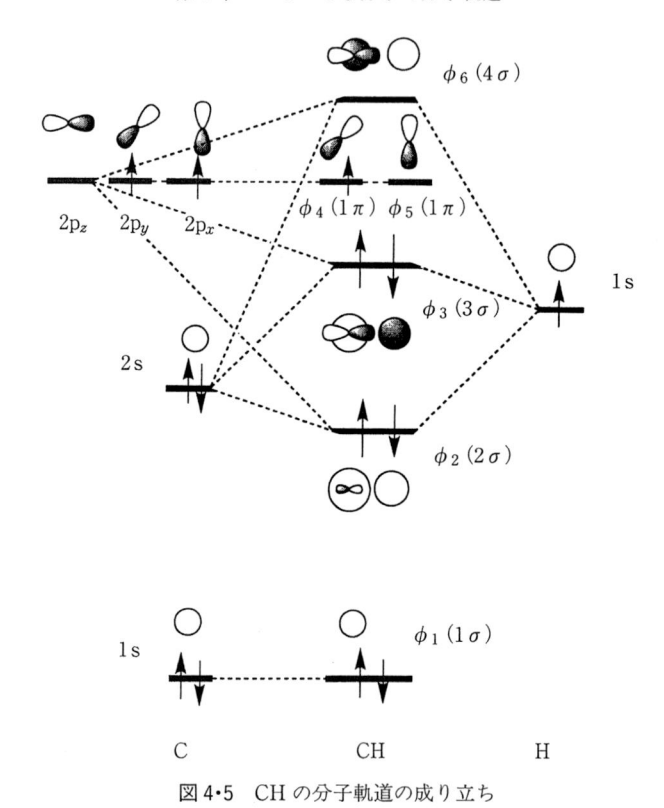

図 4·5 CH の分子軌道の成り立ち

子軌道($1\sigma$)となり，CH 分子のもつ 7 個の電子のうち，まずこの分子軌道 $\phi_1$ に 2 個の電子が入る．

次に C 2s，C 2p 及び H 1s の相互作用を考える．これまでに取り上げた LiH 及び LiF の場合とまったく同様に，$2p_x$ 軌道と $2p_y$ 軌道は他の軌道とは混じらずそのまま単独で分子軌道（$1\pi$）となることが分かる．残っている C 2s，C $2p_z$ 及び H 1s の 3 個の軌道が相互作用すると，2 対 1 の相互作用によって図 4·5 のように，安定な軌道（H 1s の位相が C 2s，C $2p_z$ の位相とそろっている），不安定な軌道（H 1s の位相が C 2s，C $2p_z$ の位相と反対符号で混じり合う），及び，中間的な軌道（H 1s の位相が C $2p_z$ の位相とそろい，C 1s とは反対符号になって混じり合う）の 3 つの分子軌道（$2\sigma$，$3\sigma$，$4\sigma$）と

4・3 CHラジカル　67

なる．これらの軌道のうち最も安定な軌道 $\phi_2$ と，中間的な軌道 $\phi_3$ に電子が2個ずつ入り，最後の1つの電子は C 2p$_y$ 軌道 $\phi_4$ に入る．このような電子が一つだけ入った分子軌道を SOMO (singly occupied molecular orbital) といい，分子の高い反応性と関係をもつ（Coffee Break Ⅷ参照）．

分子軌道計算で得られた分子軌道の形を表す電子密度図と模式図を図 4・6

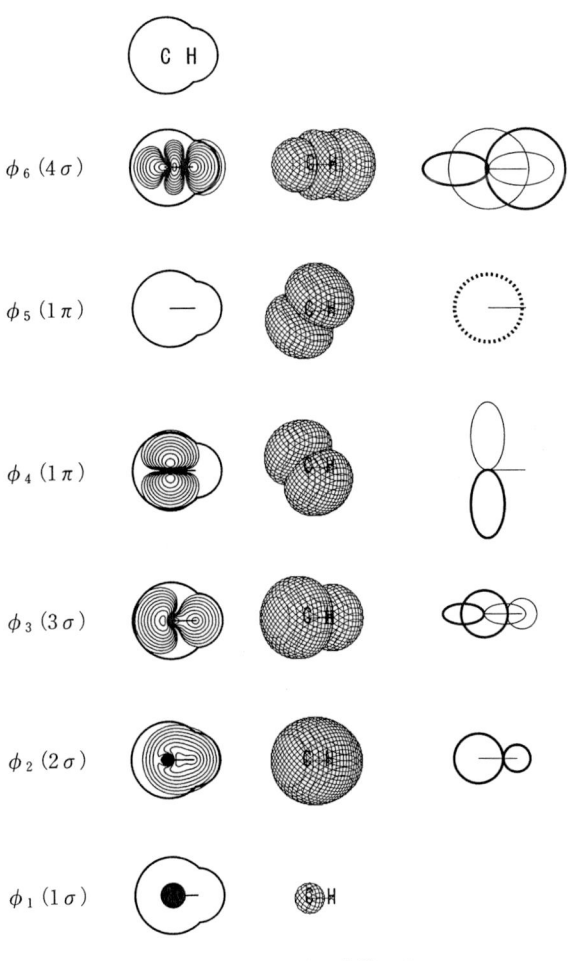

$\phi_6 (4\sigma)$

$\phi_5 (1\pi)$

$\phi_4 (1\pi)$

$\phi_3 (3\sigma)$

$\phi_2 (2\sigma)$

$\phi_1 (1\sigma)$

図 4・6　CH の分子軌道の形

に示す.エネルギー的に一番下の分子軌道 $\phi_1$ は,ほぼ C 1 s そのものであり,C 原子の近傍で分子の内側に小さく分布している.下から 2 - 3 番目の $\phi_2$ と $\phi_3$ では C 原子と H 原子の中間部分で電子密度が高くなっており,これがこの分子の化学結合を大きく担っている. $\phi_4$ は C 2 $p_y$ 軌道だけからなる SOMO であり,ほとんど C 原子上に分布している.

## Coffee Break VIII

### ラジカル

不対電子をもつ化学種はラジカル (radical),あるいは遊離基と呼ばれる.また不対電子を 2 個もつものはビラジカル (biradical) と呼ばれる.通常ラジカルは化学反応性に富み,反応して直ちに新たな化学種になることが多い.これはなぜであろうか.ある化学種ともう 1 つの化学種が互いに接近して化学結合を作る際には,軌道と軌道が相互作用し,新たに生成した分子軌道に電子が収容されて全体のエネルギーが下がる.一般に分子軌道は,電子が入っていない軌道(空軌道),不対電子が入った軌道(不対電子),電子対が入った軌道(電子対)の 3 通りがあり得るので,2 つの軌道が相互作用する場合にはその組み合わせとして 6 通りあり得るが,そのうち空軌道どうし,及び電子対の入った軌道どうしの相互作用では,全エネルギーの安定化が起こらない.したがって,化学種の接近に伴い直ちに化学結合を形成する原因となりうる軌道間相互作用には,

1. 不対電子間
2. 不対電子と空軌道
3. 不対電子と電子対
4. 電子対と空軌道

の 4 つの型がある.つまりラジカルは,その不対電子のエネルギー準位と同程度のエネルギーの空軌道,不対電子,電子対のいずれとも反応し得る

ので，化学反応性に富むということになる．ただし，軌道どうしが相互作用しにくい条件を与えることによって，ラジカルを反応させずに保つことは可能である．例えば，真空中ではラジカルをそのまま保持することができ，また，置換基の導入によって不対電子が分子の外側から守られているような分子（例えば 1,1-ジフェニル-2-ピクリルヒドラジル (DPPH)* など）は空気中でも安定であり，化学的に安定な通常の物質と同様に取り扱うことができる．

　化学種が不対電子をもつと，磁場中でその電子の磁気モーメントの向きを外部からのマイクロ波の照射により変えることができる．このことを利用した測定法の一つとして電子スピン共鳴法があり，ラジカルの不対電子について多くの情報を引き出すことができる．

## 4・4　CH$_2$ ラジカル

　CH$_2$（メチレン）ラジカルの分子軌道の成り立ちについて説明する．CH ラジカルの場合と同様に H 原子 $(1s)^1$ の 1s 軌道，及び C 原子 $(1s)^2 (2s)^2 (2p)^2$ の 1s, 2s, 2p 軌道を基底関数として考える．CH$_2$ ラジカル分子は"く"の字型をしていることが知られているので，その配置で考えてみよう（第 3 章の Coffee Break Ⅴ に述べた構造最適化によって分子構造を分子軌道計算で予測することもできる）．この分子は 3 原子分子であり，すでに扱った 2 原子分子より相互作用が複雑になっている．そこで理解しやすくするために，相

---

\* DPPH (1,1-diphenyl-2-picrylhydrazyl)：窒素ラジカルの一種で，きわめて安定．黒紫色の結晶．m. p. 137 ℃．常磁性．

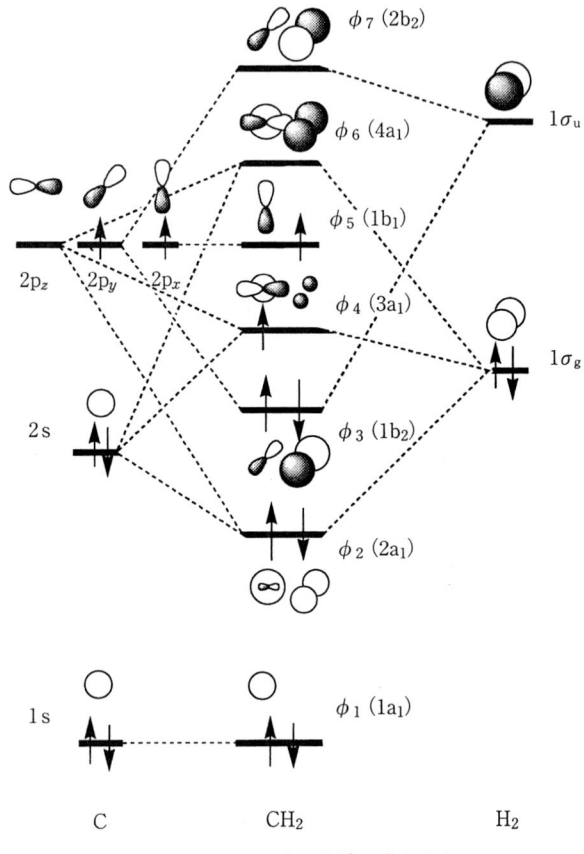

図 4·7　CH₂ の分子軌道の成り立ち

互作用を二段階に分けて考えよう．まず，2 個の H 原子間の相互作用で水素分子もどきが生成し，その次に炭素原子との相互作用を考える．つまり，図 4·7 に示すように，水素分子もどき（以下省略して水素分子と呼ぶ）の分子軌道（右側）と C 原子の原子軌道（左側）が互いに接近して相互作用し，新たに CH₂ 分子の分子軌道（中央）が形成されるものと考える．

　C 1s 軌道は内殻軌道であるから H 1s 軌道とはほとんど相互作用せず，ほぼ C 1s 軌道そのものが CH₂ の最低の分子軌道（$1a_1$）となり，全電子 8 個中，2 個の電子がまずこの軌道に入る．

4・4 CH₂ラジカル

次に水素分子の分子軌道2個とC原子の4個の価電子軌道(2s, 2p軌道)の合計6個の軌道について考える．座標軸の向きを，水素分子の結合軸方向を$y$軸，水素分子から炭素原子に向かう方向を$z$軸としておこう．C原子の$2s, 2p_x, 2p_y, 2p_z$軌道のうち，水素分子の結合性軌道と対称性が合い，軌道相互作用し得るのは，$2s$と$2p_z$に限られる．これらの軌道の2対1相互作

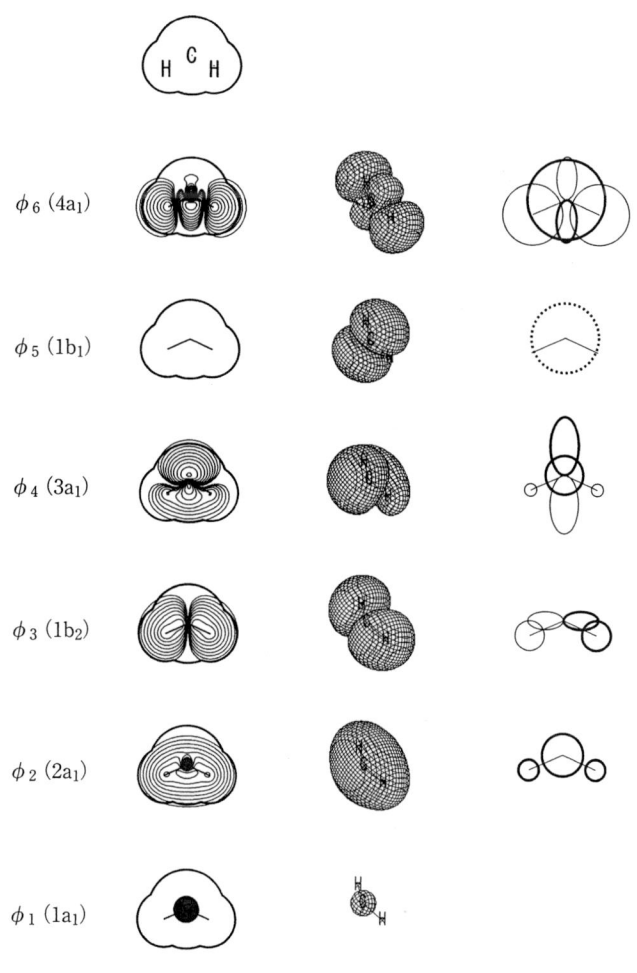

$\phi_6 (4a_1)$

$\phi_5 (1b_1)$

$\phi_4 (3a_1)$

$\phi_3 (1b_2)$

$\phi_2 (2a_1)$

$\phi_1 (1a_1)$

図4・8　CH₂の分子軌道の形

用から，3つの分子軌道（$2a_1$, $3a_1$, $4a_1$）が生成する．同様に，水素分子の反結合性分子軌道と対称性が合い，相互作用し得るのはC原子側では$2p_y$のみであるので，これらの相互作用で新たに2個の分子軌道（$1b_2$, $2b_2$）が生じる．ここまでの相互作用にまったく関与しなかったC $2p_x$軌道はそのまま単独で$CH_2$ラジカルの分子軌道（$1b_1$）となる．図4・7は不対電子が2つ存在する状態（三重項状態，tripletという）を仮定して計算した結果を表している．

分子軌道計算により得られた分子軌道の形を表す電子密度図と模式図を図4・8に示す．エネルギー的に一番下の分子軌道$\phi_1$は，ほぼCの1s軌道そのものである．下から2番目と3番目の軌道（$\phi_2$と$\phi_3$）ではC原子とH原子の中間部分で電子密度が高くなっており，これがこの分子の化学結合を大きく担っている．$\phi_4$と$\phi_5$はともにSOMOである．$\phi_4$は2つのH原子間の結合性を担うため，∠HCHを小さくする働きがあり，これが$CH_2$（メチレン）ラジカルをくの字型に折れ曲がらせる原因となっている．$\phi_5$はC $2p_x$軌道だけからなり，分子面が節面となっているために図4・8の左端の電子密度図には何も現れていない．$\phi_5$の軌道は，面外方向のp軌道からなるため，結合性には関係しない非結合性の軌道である．

## Coffee Break IX

### 一重項と三重項

メチレンラジカル$CH_2$は，三重項（triplet）状態が一重項（singlet）状態よりもエネルギー的に安定であることが知られており，本章ではこのことを考慮して三重項状態のみを取り扱った．一重項状態では，電子配置が$\phi_3$までは三重項状態と同じであるが，$\phi_4$と$\phi_5$に電子が1個ずつ入るのではなく，$\phi_4$の方に2個の電子が収容される．このため，一重項状態では，三重項状態より結合角が小さくなる．実際，メチレンラジカルの分子構造

は，一重項では結合角 102.4°，三重項では結合角 136° となっている．

## 4・5 OH ラジカル

OH ラジカルの分子軌道の成り立ちを，図 4・9 に示す．この図は，単独の O 原子（左側）及び H 原子（右側）の原子軌道が互いに接近して相互作用し，新たに OH ラジカル分子（中央）の分子軌道が形成されることを示している（結合軸方向を $z$ 軸とする）．

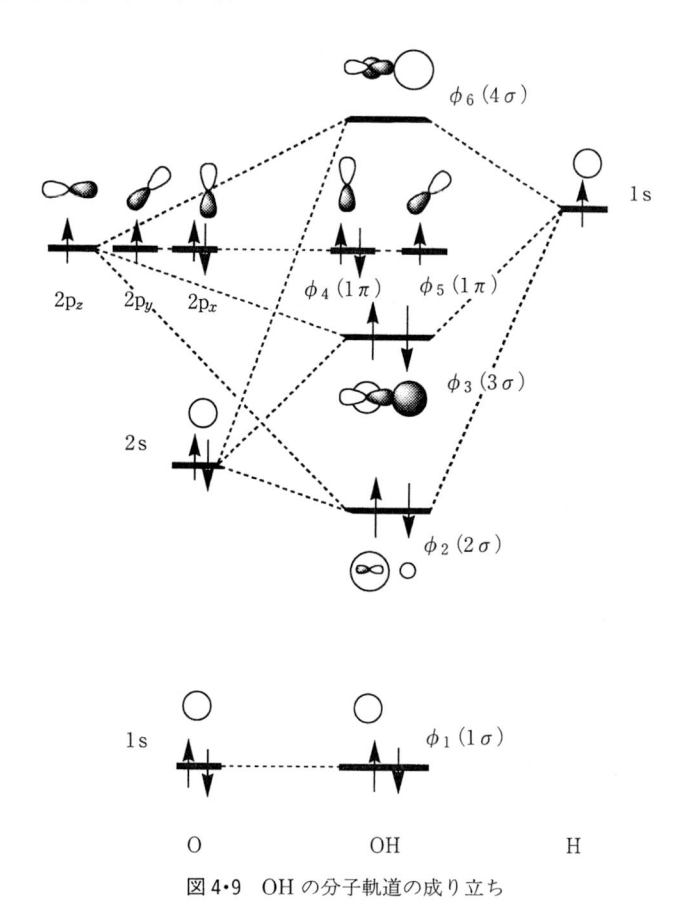

図 4・9　OH の分子軌道の成り立ち

H原子 $(1s)^1$ の1s軌道及びO原子 $(1s)^2(2s)^2(2p)^4$ の1s, 2s, 2p軌道を基底関数として考える．O原子の内殻1s軌道(O1s)は，H原子の1s軌道(H1s)と比べてはるかにエネルギーが低く，空間的な広がりが非常に小さいのでH1s軌道とほとんど重ならない．これらの理由により，O1sはH1sとほとんど相互作用せず，ほぼそのままOHの分子軌道の中で最低の分子軌道 $(1\sigma)$ となり，9個の電子のうち，まずこの分子軌道 $\phi_1$ に2個の電

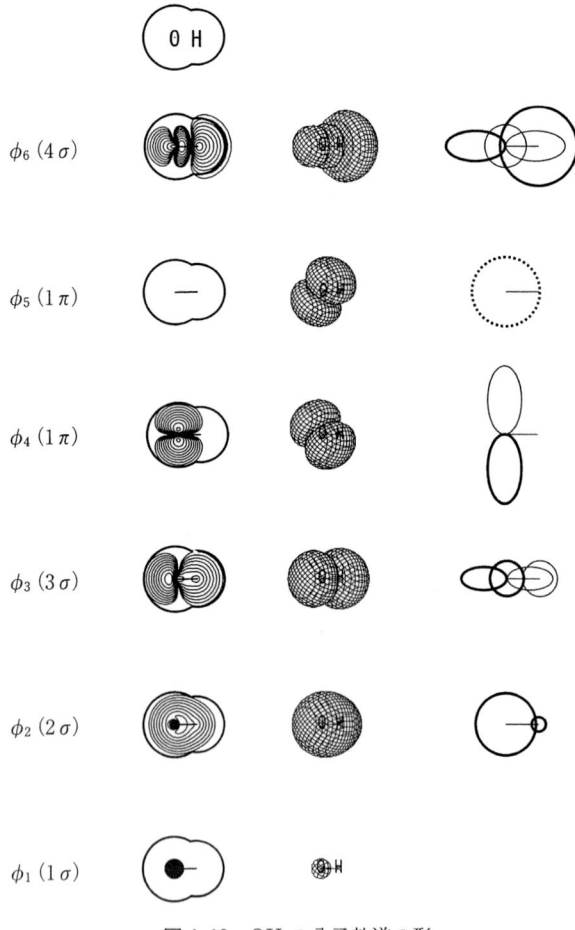

図4・10 OHの分子軌道の形

子が入る．次にH原子の1s軌道とO原子の4個の軌道（2s, 2p軌道）の合計5個の軌道について考える．座標軸の向きをOH軸に沿って$z$軸とする．酸素原子の2s, $2p_x$, $2p_y$, $2p_z$軌道のうち，H1sと対称性が合って軌道相互作用し得るのはO2sとO$2p_z$に限られ，これらの軌道の2対1相互作用により3つの分子軌道（$2\sigma$, $3\sigma$, $4\sigma$）が生じる．残りのO$2p_x$とO$2p_y$はその対称性によってH1s軌道とは相互作用せず，それぞれ単独でOHラジカルの分子軌道（$1\pi$）となる．以上の分子軌道$\phi_2 \sim \phi_5$に残りの電子7個を詰めてこの図は完成する．分子軌道計算で得られた分子軌道の形を図4・10に示す．エネルギー的に一番低い分子軌道$\phi_1$は，ほぼO1sそのものである．下から2番目と3番目の軌道（$\phi_2$と$\phi_3$）ではO原子とH原子の中間部分の電子密度が高くなっており，これがこの分子内の化学結合を大きく担っている．$\phi_4$と$\phi_5$はそれぞれ$2p_x$及び$2p_y$に対応する．$\phi_5$は描画切断面が分子の節面と一致するため，電子密度図には何も現れない．

## Coffee Break X

### 分子軌道の名称について

本書では，エネルギーの低い順に分子軌道に$\phi_1, \phi_2, \phi_3, \cdots$などの名前をつけている．より正式には，分子軌道を対称性で分類し，各分類中で軌道エネルギーの低いものから順に，番号を対称性記号の前につけて，軌道の名称とする．

例えば水素分子の場合，一番安定な分子軌道は2個の水素原子の1s軌道が同位相で混じり合った結合性軌道，そして2番目に安定な分子軌道は2個の1s軌道が逆位相で混じり合った反結合性軌道であり，それぞれ$1\sigma_g$軌道，$1\sigma_u$軌道と呼ばれる．

## 4・6 水（$H_2O$）

水分子の分子軌道の成り立ちについて考えてみよう．OHラジカルの場合と同様にH原子$(1s)^1$の1s軌道及びO原子$(1s)^2(2s)^2(2p)^4$の1s, 2s, 2p軌道を基底関数として考える．水分子は"く"の字型をしていることが知られているので，その形で考える．この分子は3原子分子であり，すでに考察した$CH_2$ラジカルと同様に，全体の相互作用を二段階に分けて考えること

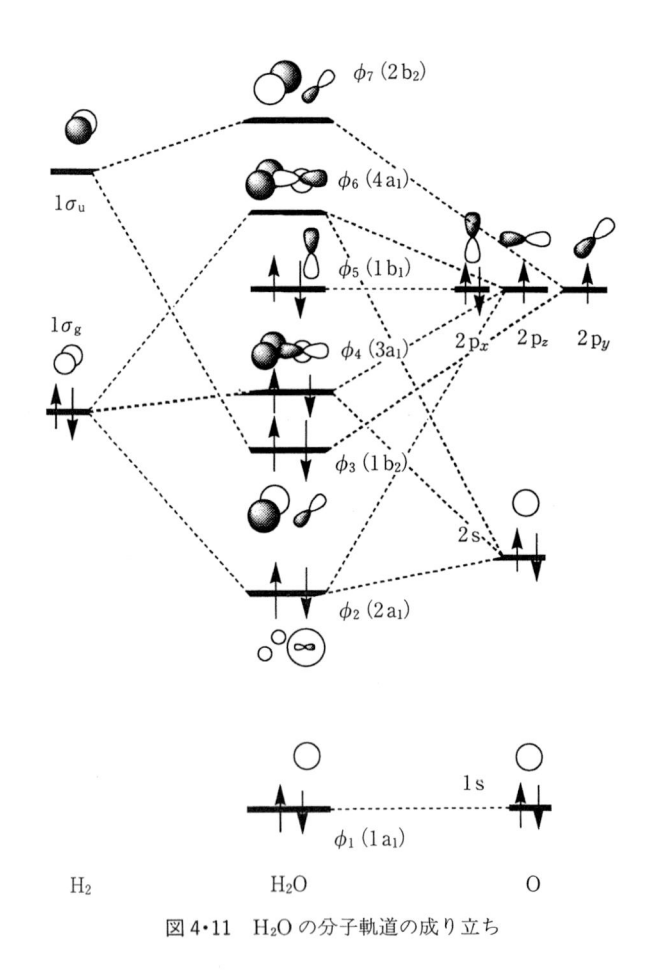

図4・11　$H_2O$の分子軌道の成り立ち

## 4・6 水（$H_2O$）

ができる．まず，2個のH原子間の相互作用で水素分子もどきを作り，次にO原子との相互作用を考える．水素分子もどき（以下省略して水素分子）の分子軌道（左側）及びO原子の原子軌道（右側）が互いに接近して相互作用し，新たに$H_2O$分子の分子軌道（中央）が形成される様子を，図4・11に示す．

O 1s軌道は，内殻軌道であるため水素分子の軌道とはほとんど相互作用せず，ほぼそのまま$H_2O$の最も低い分子軌道（$1a_1$）となる．次に水素分子の分子軌道2個とO原子の4個の分子軌道（2s, 2p軌道）の合計6個の軌道について考える．座標軸の向きは，水素分子の結合軸方向を$y$軸，水素分子から酸素原子に向かう方向を$z$軸とする．O原子の$2s, 2p_x, 2p_y, 2p_z$軌道のうち，水素分子の結合性軌道と対称性が合い，軌道相互作用し得るのは，$2s, 2p_z$軌道に限られ，これらの軌道の2対1相互作用で3つの分子軌道（$2a_1, 3a_1, 4a_1$）が生成する．同様に，水素分子の反結合性分子軌道と対称性が合い，相互作用し得るのはO原子側では$2p_y$のみであり，これらの相互作用で新たな2個の分子軌道（$1b_2, 2b_2$）が生じる．ここまでの相互作用にまったく関与しなかったO $2p_x$はそのまま単独で$H_2O$の分子軌道（$1b_1$）となる．$H_2O$分子では，以上の7個の分子軌道のうち下から順に$\phi_1$から$\phi_5$までに計10個の電子が2個ずつ組になって入っている．

分子軌道計算で得られた分子軌道の形を図4・12に示す．

エネルギーが一番低い分子軌道$\phi_1$は，ほぼOの1s軌道そのものである．下から2番目と3番目の軌道（$\phi_2$と$\phi_3$）ではO原子とH原子の中間部分で電子密度が高くなっており，これがこの分子の化学結合を大きく担っている．$\phi_2$は，水素分子の結合性軌道とO 2s及びO $2p_z$が同位相で混じったものであるが，圧倒的にO 2s成分が大きいため，分子軌道としてもO 2sと呼んで差し支えない．$\phi_5$は純粋なO $2p_x$軌道であり，分子面が節面となっているため，図4・12の左端の電子密度図には何も現れていないが，O原子上で分子面から垂直方向に大きく膨らんだ形状をしている．$\phi_4$は水素分子の結合性分子軌道に同位相のO $2p_z$と逆位相のO 2sが混じって生じた軌道である（2対1

$\phi_6 (4a_1)$

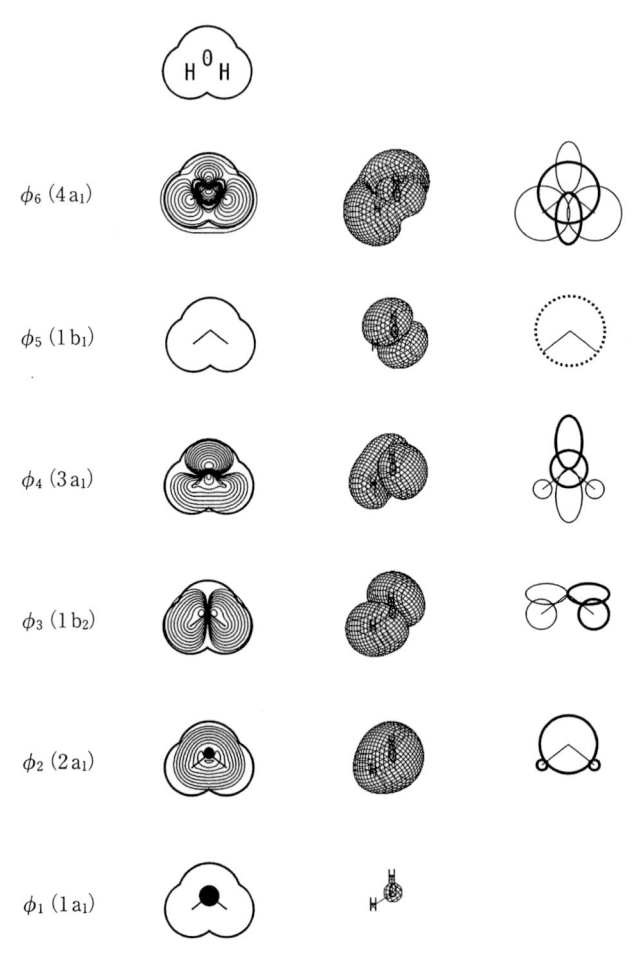

$\phi_5 (1b_1)$

$\phi_4 (3a_1)$

$\phi_3 (1b_2)$

$\phi_2 (2a_1)$

$\phi_1 (1a_1)$

図 4・12 $H_2O$ の分子軌道の形

軌道混合則参照).ルイスの電子式(電子を点で表した式)を水分子について描くと,2組の非共有電子対(孤立電子対)があることになっているが,これと対応付けられる分子軌道は $\phi_4$ と $\phi_5$ ということになる.$\phi_4$ と $\phi_5$ は空間分布と軌道エネルギーが互いに異なっており,このことは光電子スペクトルにも観測されているので,ルイスの電子式のような古典的概念で分子中の電子に関する議論を行うときには注意が必要である.

## Coffee Break XI

### 混 成 軌 道

　水分子についてでき上がった軌道の成り立ちを，O原子の原子軌道の線形結合部分のみに注目して眺めてみると，$\phi_1$ は純粋な O1s, $\phi_2$ は O2s と O2$p_z$, $\phi_3$ は O2$p_y$, $\phi_4$ は O2s と O2$p_z$, $\phi_5$ は O2$p_x$ を成分としてもっている．この意味では，分子軌道 $\phi_2$ や $\phi_4$ は，O原子の sp 混成軌道と水素分子の分子軌道が相互作用した結果生成した分子軌道であると考えることもできる．$\phi_2$ では高い方の O2$p_z$ と低い方の O2s とが，どちらも同位相で水素分子の結合性軌道と強く結合する効果を与えている．これに対して，$\phi_4$ では高い方の O2$p_z$ は同位相だが低い方の O2s は逆位相になり，そのため水素分子の結合性軌道と非常に弱く結合する働きを与えており，電子の分布は，水素分子とは逆の方向に広がって，非共有電子対の性格を多分に帯びたものになっている．

## 4・7 窒 素 （$N_2$）

　窒素分子（$N_2$）の分子軌道の成り立ちについて考えてみよう．N原子 $(1s)^2(2s)^2(2p)^3$ の 1s, 2s, 2p 軌道を基底関数として考える．N原子の原子軌道が左右から互いに接近し，相互作用して $N_2$ 分子の分子軌道が形成されることを示す図を，図 4・13 に示す（結合軸方向を $z$ 軸とする）．
　まずN原子の内殻 1s 軌道どうしの相互作用を考える．N 1s 軌道は原子の内側に縮んで分布しているので，N 1s 間の相互作用は大きくはないが，水素分子の場合と同様に，結合性軌道（$1\sigma_g$）と反結合性軌道（$1\sigma_u$）が生じる．次に 2s 軌道 2 個及び 2$p_z$ 軌道 2 個が相互作用して 4 個の独立な分子軌道（$2\sigma_g$, $2\sigma_u$, $3\sigma_g$, $3\sigma_u$）を形成する．2s 軌道と 2p 軌道のエネルギーの差がかなり大きいときは，それぞれが 1 対 1 の軌道間相互作用に従うことになる．

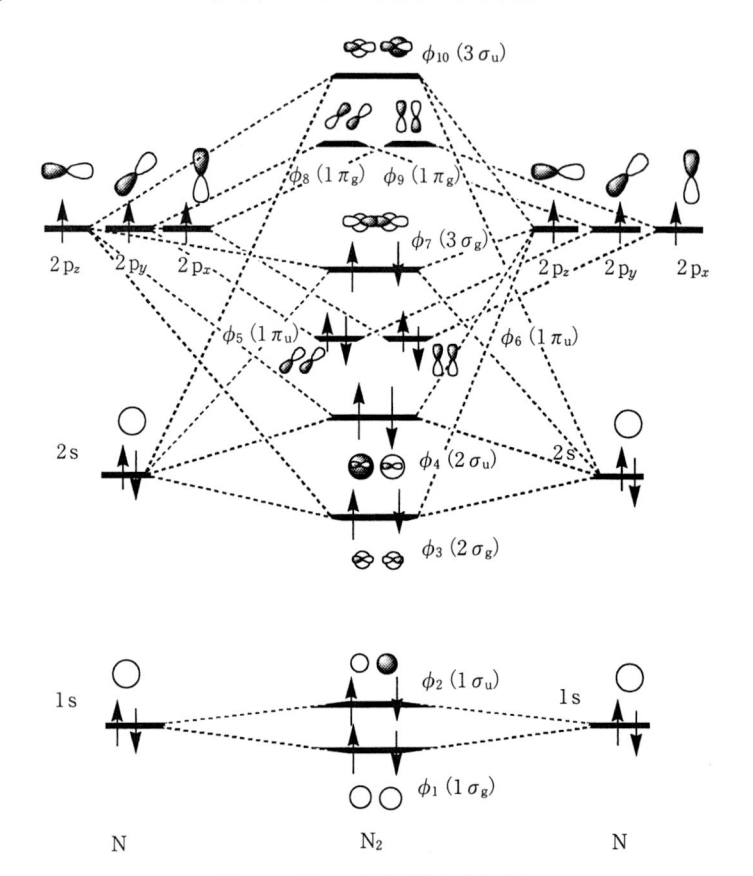

図4・13 $N_2$の分子軌道の成り立ち

もしもそうだとすると，$2p_z$どうしの結合性軌道$3\sigma_g(\phi_7)$の準位が，それよりも結合性の低い$1\pi_u$軌道（$\phi_5, \phi_6$）よりも下に来なければならないが，図4・13では逆になっている．これは対称性が等しい$2\sigma_g(\phi_3)$と$3\sigma_g(\phi_7)$とが相互作用して，高い方の$3\sigma_g(\phi_7)$がさらに上方に押し上げられたためである．残った$2p_x$どうし，$2p_y$どうしは，それぞれ2個の軌道間で相互作用して新たな分子軌道4個（$1\pi_u$，$1\pi_g$）を形成するが，もともと$2p_x$と$2p_y$は縮重しているため，生成した4個の軌道も縮重した2つの準位に分かれる．このようにして生成した分子軌道に全部で14個の電子が2個ずつ組になって

4・7 窒　素（N₂）

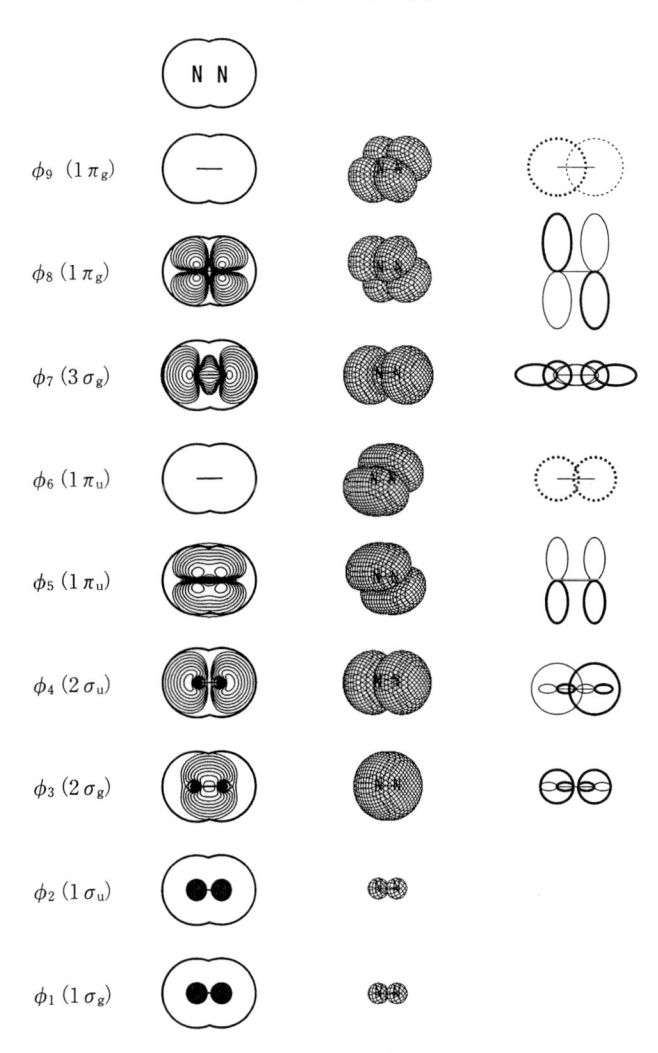

図 4・14　N₂ の分子軌道の形

入る．分子軌道計算で得られた分子軌道の形を図 4・14 に示す．
　エネルギー的に低い分子軌道である $\phi_1$ と $\phi_2$ は，N 原子の内殻 1s 軌道からなっている．また，$\phi_3$ と $\phi_4$ は，N 2s を主成分としている．$\phi_5$，$\phi_6$ は縮重した π 軌道になっている．$\phi_7$ は σ 軌道であり，この分子の HOMO となって

いる. $\phi_3$, $\phi_5$, $\phi_6$, $\phi_7$ の4つの分子軌道では，電子分布が2つのN原子間で高くなっており，これらの軌道が化学結合を主に担っていることがわかる．HOMO以下の分子軌道について数えてみると，結合性軌道が5個，反結合性軌道が2個あり，それぞれに2個ずつ電子が収容されている．単結合は結合性電子2個分からなることを考慮し，反結合の電子はその効果を打ち消すと考えて，結合の次数を求めると，5－2＝3となり，三重結合となっていることが分かる．

## 4・8　一酸化炭素 (CO)

一酸化炭素分子 (CO) の分子軌道の成り立ちについて考えてみよう．C原子 $(1s)^2(2s)^2(2p)^2$ の 1s, 2s, 2p 軌道及びO原子 $(1s)^2(2s)^2(2p)^4$ の 1s, 2s, 2p 軌道を基底関数とする．これらの原子が互いに接近して相互作用し，新たにCO分子の分子軌道が形成されることを示す図を，図4・15に示す（結合軸方向を $z$ 軸とする）．

この状況は窒素分子の場合と非常によく似ていることに注意されたい．扱う全電子数は $N_2$ も CO もともに14個である（このような関係になっていることを等電子構造という）．このことは，C原子とO原子が周期表でN原子の両隣になっていることからもすぐに分かる．C原子やO原子の原子軌道はもちろんN原子のそれとはエネルギーや空間分布が異なるが，軸対称性があり，使われる軌道が同じなので，分子軌道の組み立ては $N_2$ と CO とで非常によく似たものになる．ただし，C原子とO原子では1s軌道のエネルギーが大きく異なるので，内殻分子軌道における原子軌道の混じり方の様子も大きく異なる．一方，価電子軌道では，原子種によるエネルギーの違いがそれほど大きくないので，両者の分子軌道はかなり似てくるが，C原子とO原子の違いにより，電子分布は左右非対称になる．分子軌道計算で得られた分子軌道の形を，図4・16に示す．

## 4・8 一酸化炭素（CO）

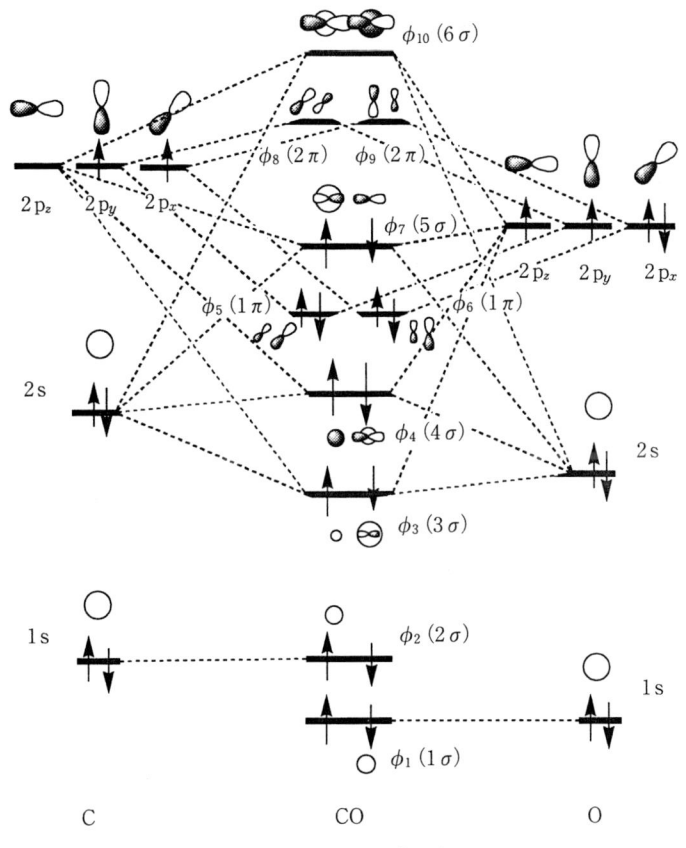

**図4・15** COの分子軌道の成り立ち

エネルギー的に一番低い $\phi_1$ が電気的な陰性がより強いO原子の1s軌道に対応し，$\phi_2$ は相対的に陰性が弱いC原子の1s軌道に対応する．また，図4・14と比べてみると，$\phi_3 \sim \phi_7$ まで $N_2$ 分子の分子軌道と非常によく似ていることが分かるであろう．このことを反映して，$\phi_7 \sim \phi_4$ の分子軌道に対応する光電子スペクトルを測定してみると，両物質は，スペクトルの形は振動構造と呼ばれるものも含めて非常によく似ている．しかし，エネルギー準位の深さや，軌道の電子分布に違いがあるので，一酸化炭素の化学的性質は窒素分子とは大きく異なったものになっている．

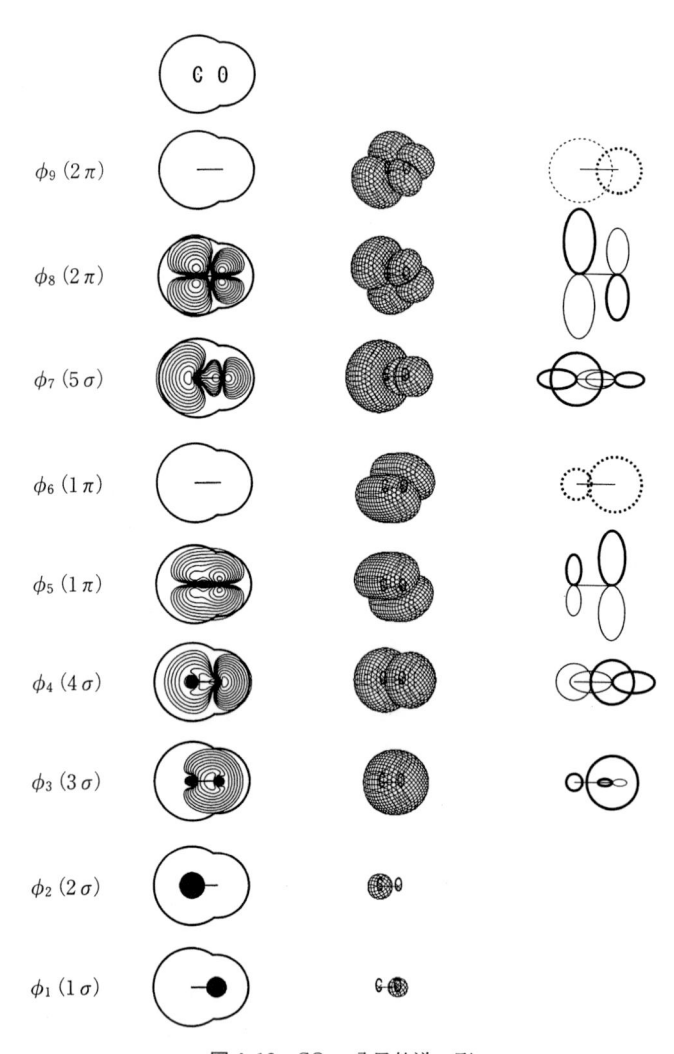

図 4・16  CO の分子軌道の形

## 4・9 シアン化水素 (HCN)

シアン化水素 (HCN) の分子軌道の成り立ちについて考えてみよう. H 原子 $(1s)^1$ の 1s 軌道, C 原子 $(1s)^2(2s)^2(2p)^2$ の 1s, 2s, 2p 軌道及び N 原

4・9 シアン化水素（HCN） 85

子 $(1s)^2(2s)^2(2p)^3$ の 1s, 2s, 2p 軌道を基底関数とする．HCN 分子も全電子数は 14 個であり，$N_2$ 分子や CO 分子と等電子構造をもつ．HCN 分子は 3 原子が一直線上に並んだ構造をとっていることが知られているが，分子軌道の構成はどのように考えればよいであろうか．ここでは，HCN 分子を HC と N に分けて考えてみよう．HC はすでに 4・3 で取り上げた CH に他ならない．したがって，CH の分子軌道を左右逆にして左側に並べ，結合軸上 C 原子側に，新たに N 原子を接近させていけばよく，その様子を図 4・17 に示す

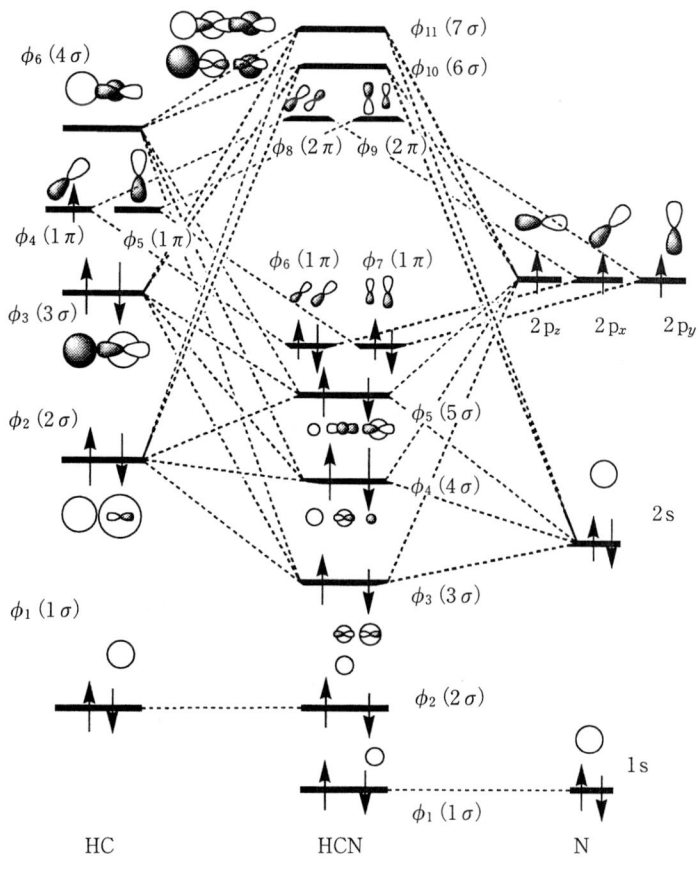

図 4・17　HCN の分子軌道の成り立ち

（結合軸方向を $z$ 軸とする）．

CH の分子軌道が N 原子のそれと非常によく似ていることを反映して，CH と N が相互作用した結果は $N_2$ 分子のものと非常によく似たものになる．HOMO が縮重軌道になっている点が $N_2$ 分子や CO 分子の場合とは異な

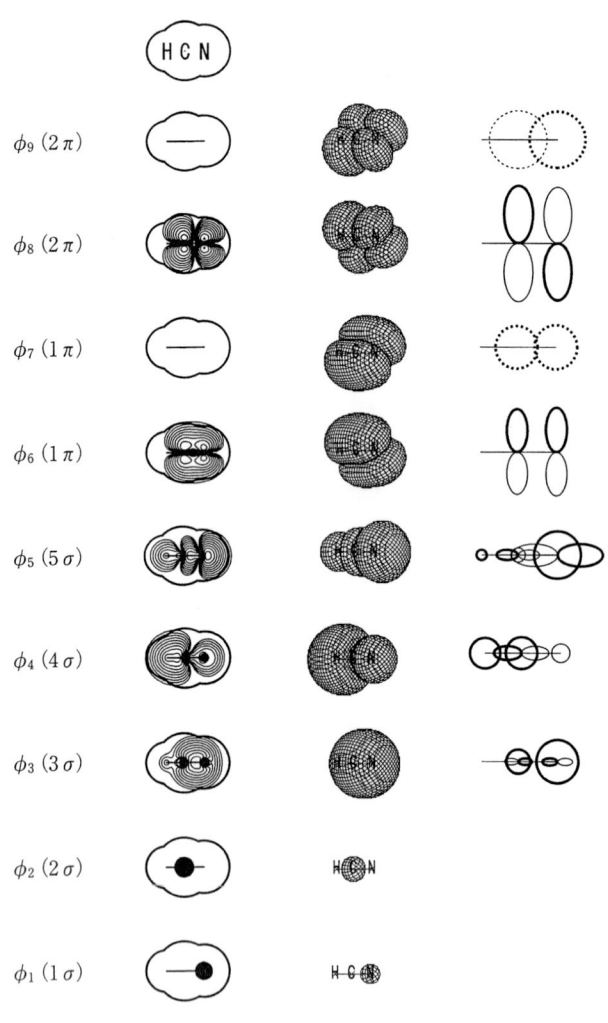

$\phi_9\,(2\pi)$

$\phi_8\,(2\pi)$

$\phi_7\,(1\pi)$

$\phi_6\,(1\pi)$

$\phi_5\,(5\sigma)$

$\phi_4\,(4\sigma)$

$\phi_3\,(3\sigma)$

$\phi_2\,(2\sigma)$

$\phi_1\,(1\sigma)$

図 4·18　HCN の分子軌道の形

る．CH の SOMO が 3σ 軌道よりかなり高いため，HCN 分子の HOMO は π 軌道となっている．分子軌道計算で得られた分子軌道の形を，図 4·18 に示す．

エネルギー的に最も低い $\phi_1$ がより陰性の強い N 原子の 1s 軌道に，$\phi_2$ が N 原子より陰性の弱い C 原子の 1s 軌道に対応し，$\phi_6$, $\phi_7$ は縮重した HOMO に対応している．

## 4·10 アンモニア（NH₃）

アンモニア（NH₃）の分子軌道の成り立ちを図 4·19 に示す．基底関数として H 原子 $(1s)^1$ の 1s 軌道及び N 原子 $(1s)^2(2s)^2(2p)^3$ の 1s，2s，2p 軌道を考える．

これまでに 3 原子以上からなる分子を扱ってきた場合と同様に，ここでも分子軌道の組み立てを二段階に分けて考えてみよう．基底状態の NH₃ 分子では，3 個の H 原子が正三角形を構成し，その重心を通る 3 回対称軸（z 軸とする）上に N 原子があることが知られているので，まず H 原子 3 個を正三角形状に並べて考える．3 つの 1s 軌道の相互作用から，3 つの線形結合が得られ，そのうち一番安定なものはすべての 1s 軌道の位相がそろった H₃ の 1a₁ 軌道となる．残る 2 つは，図に示したように H₃ の縮重した 1e 軌道となる．次に，これら 3 個の軌道と N 原子由来の軌道との相互作用を考える．N 1s 軌道は，エネルギーが圧倒的に他の軌道より低いので，そのまま NH₃ 分子の一番低い分子軌道 $\phi_1$ となる．H₃ の全対称軌道 1a₁ と相互作用しうるのは，N 2s と N 2p$_z$ のみであるので，これらの 2 対 1 軌道間相互作用により，3 個の分子軌道が得られ，そのうち最も安定なものが $\phi_2$，中間的に安定なものが $\phi_5$，最も不安定なものが $\phi_6$ となる．残る N 2p$_x$，N 2p$_y$ は H₃ の 1e 軌道と相互作用して縮重した結合性軌道 $\phi_3$，$\phi_4$ 及び縮重した反結合性軌道 $\phi_7$，$\phi_8$ を形成する．N 原子は H 原子より陰性が強いから，H 1s より N 2p の方が低く，中間の安定度の $\phi_5$ は N 2p よりも上になる．一方，$\phi_3$ と $\phi_4$ は，N 2p が

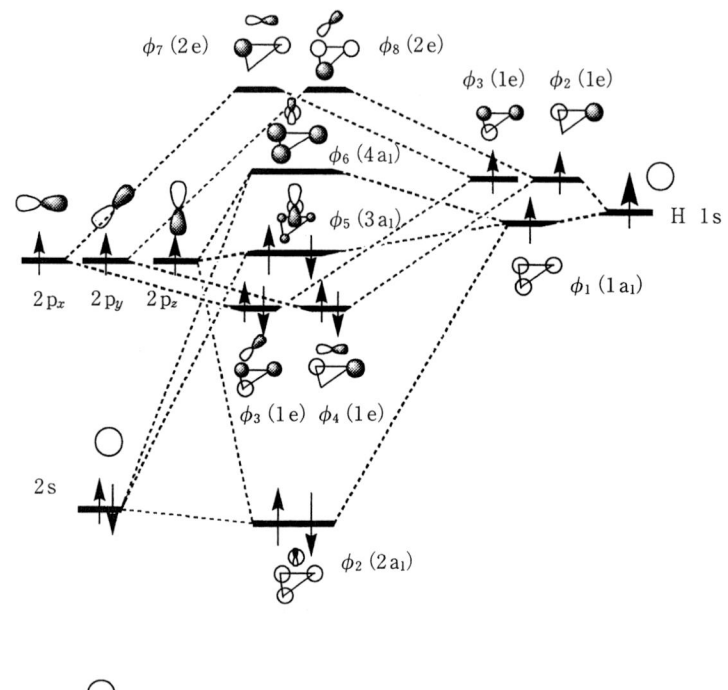

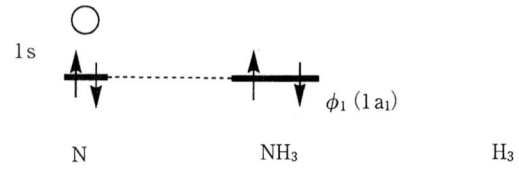

図4・19 $NH_3$ の分子軌道の成り立ち

関与した結合性軌道であるから N 2p より下になる．よって，$\phi_5$ は $\phi_3$ と $\phi_4$ より上になり，10個の電子を配置すると，$\phi_5$ が HOMO，$\phi_6$ が LUMO となることが分かる．

分子軌道計算で得られた分子軌道の形を図 4・20 に示す．エネルギー的に一番低い分子軌道 $\phi_1$ は，ほぼ純粋に N 1s 軌道である．また $\phi_4$ は描画切断面が節面になっているために電子密度が 0 となっている．ルイスの電子式を描いたときの孤立電子対に対応する分子軌道は HOMO の $\phi_5$ であり，N 原子上

4・10 アンモニア（NH$_3$）

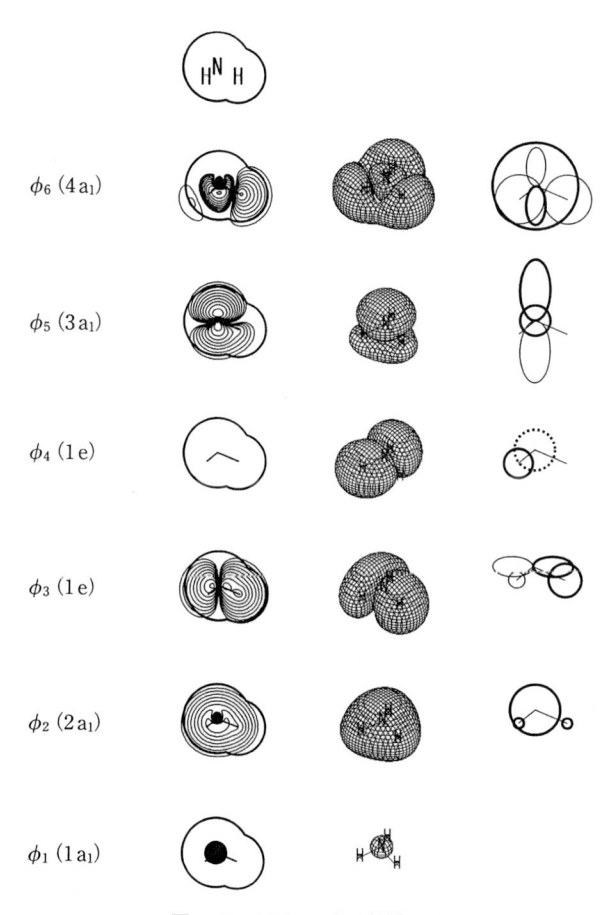

$\phi_6$ (4a$_1$)

$\phi_5$ (3a$_1$)

$\phi_4$ (1e)

$\phi_3$ (1e)

$\phi_2$ (2a$_1$)

$\phi_1$ (1a$_1$)

図4・20　NH$_3$の分子軌道の形

から分子表面の外側に向かって張り出している．

## Coffee Break XII

### 固体のバンド構造

　複数の軌道の間で重なりが生じることによって，複数の分子軌道が生成し，そこにエネルギーの低い方から2個ずつ電子が入る．この考え方を固

体中に並ぶ多数の原子・分子に適用すると，密に詰まった多数のエネルギー準位ができる．これを固体のエネルギーバンドと呼ぶ．この考え方は，固体の電気的性質が金属，半導体的，絶縁体的のいずれであるかの説明や，固体の磁性や光学的性質の説明に利用されている．固体のバンド理論では，結晶中の無数の原子・分子を考慮しなければならないという困難を，周期的境界条件（一定距離進むとまた同一の状況に戻ること）を用いることによって回避している．

## 4・11　メタン（$CH_4$）

メタン（$CH_4$）の分子軌道の成り立ちを，図4・21に示す．基底関数として，H原子$(1s)^1$の1s軌道及びC原子$(1s)^2(2s)^2(2p)^2$の1s, 2s, 2p軌道を考える．

$CH_4$の全電子数は10個で，これは$NH_3$分子の場合と等しい．$CH_4$分子では，4個のH原子が正四面体を構成し，その重心にC原子が位置する．まずH原子4個を正四面体の頂点に並べて考える．すると4つの1s軌道が相互作用してできる4つの線形結合のうち一番安定なものは，4個の1s軌道の位相が全部そろった$1a_1$軌道となる．残る3つは三重に縮重した$1t_2$軌道になる．次に，これら4個の軌道とC原子由来の軌道との相互作用を考える．C1s軌道はそのエネルギーが圧倒的に他の軌道より低いので，そのまま$CH_4$分子の一番低い分子軌道$\phi_1$になる．次に，$H_4$の全対称の$1a_1$軌道と相互作用し得るのはN2s軌道のみであるので，これらの1対1軌道間相互作用を考えて2個の分子軌道が得られ，安定な方が$\phi_2$，不安定な方が$\phi_9$となる．残りの$C2p_x$, $C2p_y$, $C2p_z$軌道は$H_4$の$1t_2$軌道と相互作用して，三重に縮重した結合性軌道$\phi_3$, $\phi_4$, $\phi_5$（これらはHOMOになる）及び反結合性の縮重軌道$\phi_6$, $\phi_7$, $\phi_8$を形成する．これらの軌道に，エネルギーの低い方から順に計10個の電子が入って$CH_4$分子の電子配置ができあがる．

## 4・11 メタン（$CH_4$）

**図 4・21** $CH_4$ の分子軌道の成り立ち

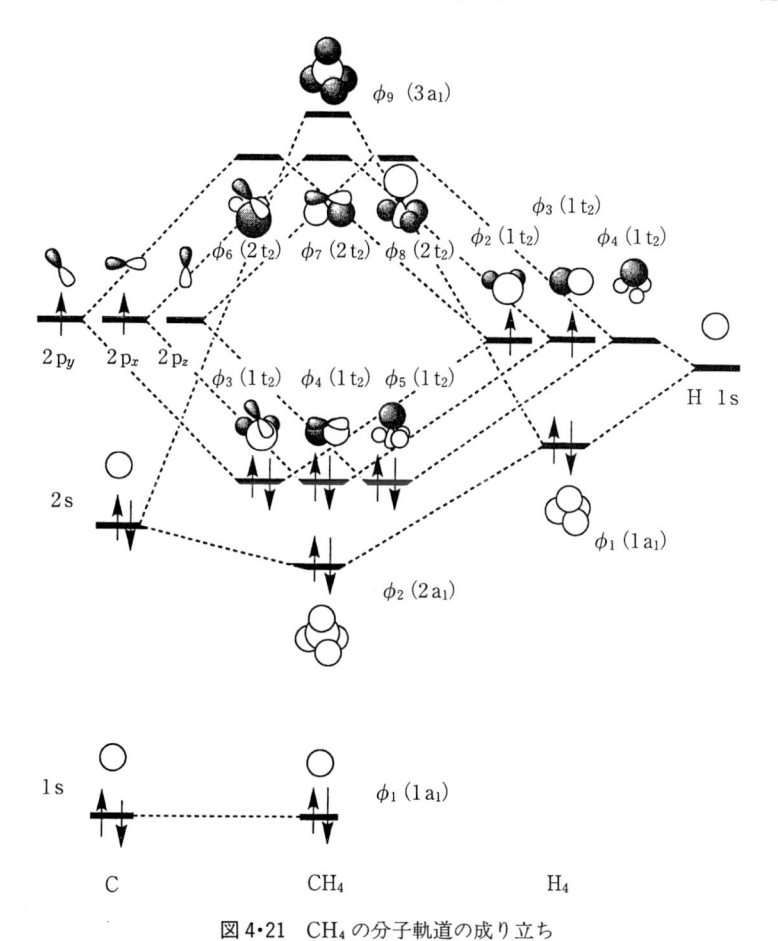

　分子軌道計算で得られた分子軌道の形を図 4・22 に示す．エネルギー的に一番低い分子軌道 $\phi_1$ は，ほぼ純粋な C1s 軌道である．これと比べて結合性が強い $\phi_2$ 軌道は，分子全体を包み込むような電子分布を示している．

$\phi_8\,(2\,t_2)$

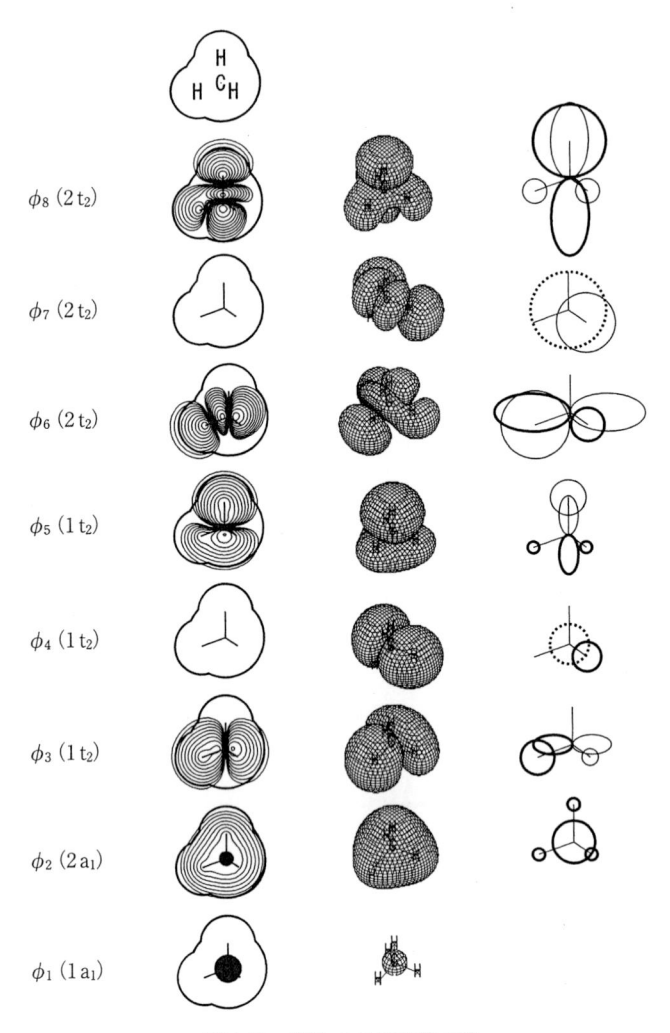

$\phi_7\,(2\,t_2)$

$\phi_6\,(2\,t_2)$

$\phi_5\,(1\,t_2)$

$\phi_4\,(1\,t_2)$

$\phi_3\,(1\,t_2)$

$\phi_2\,(2\,a_1)$

$\phi_1\,(1\,a_1)$

図 4・22 CH$_4$ の分子軌道の形

## 4・12 アセチレン（HC≡CH）

アセチレン（C$_2$H$_2$）の分子軌道の成り立ちを，図 4・23 に示す．基底関数として，H 原子 $(1\,s)^1$ の 1s 軌道及び C 原子 $(1\,s)^2(2\,s)^2(2\,p)^2$ の 1s, 2s, 2p

4・12 アセチレン (HC≡CH)　93

HC　　　　　HC≡CH　　　　CH
図 4・23　HC≡CH の分子軌道の成り立ち

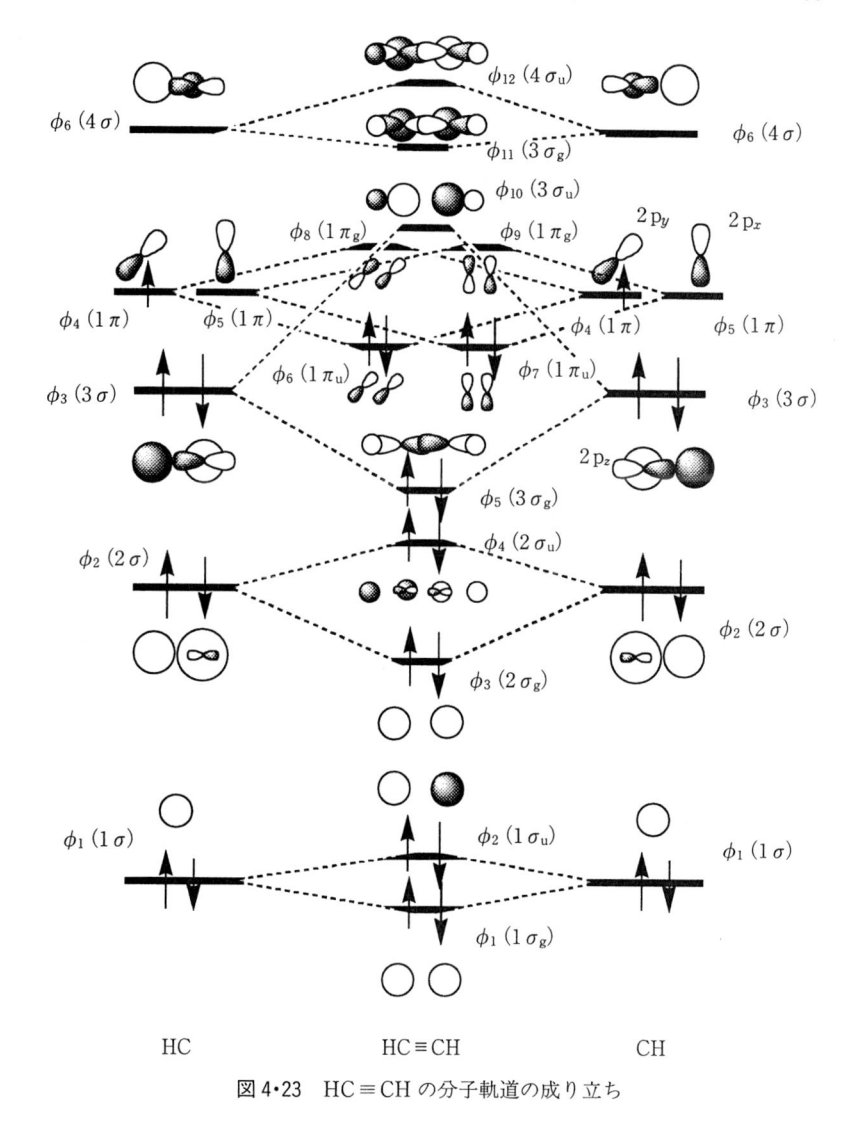

軌道を考える．全電子数は 14 個であり，$N_2$, CO, HCN と等電子構造をもつ．
　4 個の原子の相互作用を一度に考えるのは難しいので，二段階に分けて考える．最初に 4・3 で考察した CH ラジカルを組み立て，次に 2 個の CH ラジ

94　第4章　いろいろな分子の分子軌道

カル間の相互作用を導入する．CHラジカルの一番安定な分子軌道は内殻
C1s軌道を主成分とする．この軌道ともう一方のCHラジカルの同じ軌道が
相互作用して，2つの内殻分子軌道ができ，それぞれに2個ずつ電子が入る．
CHラジカルの2番目に安定な分子軌道（C2sとH1sがともに同位相で混
じったもの）どうしが相互作用し，CC原子間が結合的な分子軌道と反結合的

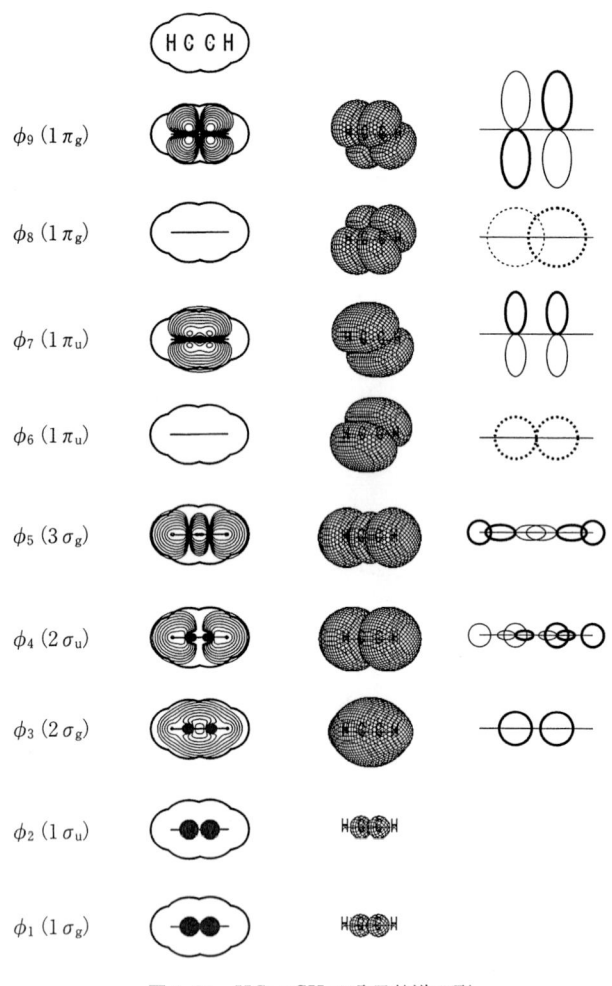

図4・24　HC≡CHの分子軌道の形

な分子軌道が生成し，そこに2個ずつ電子が入る．次に，CHラジカルのC$2p_y$，C$2p_z$，C$2p_x$軌道を主成分にもつ分子軌道が，それぞれもう一方のラジカルの，同じ分子軌道と相互作用することにより計6個の分子軌道が生じ，下から順に6個の電子が2個ずつ詰まり，アセチレン分子の電子配置が完成する．HOMOはCC原子間のπ結合性をもつ縮重したπ軌道（$1\pi_u$）になり，LUMOはCC原子間が反結合性のπ軌道（$1\pi_g$）になる．

分子軌道計算で得られた分子軌道の形を図4・24に示す．エネルギーが非常に低い$\phi_1$と$\phi_2$は内殻C1s軌道からなり，価電子の分子軌道$\phi_3$と$\phi_4$ではC2s成分が大きい．$\phi_6$と$\phi_7$は縮重したHOMOであり，直線分子の対称軸と垂直方向でファンデルワールス面の外側にπ電子の電子密度が大きく広がっている．


## 4・13　エチレン（H$_2$C＝CH$_2$）

エチレン（C$_2$H$_4$）の分子軌道の成り立ちを，図4・25に示す．基底関数として，H原子$(1s)^1$の1s軌道及びC原子$(1s)^2 (2s)^2 (2p)^2$の1s，2s，2p軌道を考える．全電子数は16個である．

6個の原子の相互作用を一度に考えるのは難しいので，最初にCH$_2$ラジカルを組み立て，次に2個のCH$_2$ラジカル間に相互作用を導入して，二段階に分けて考える．まず"く"の字型をしたCH$_2$ラジカルの分子軌道について考えるが，これは4・4で見た通り，H$_2$分子と炭素原子との相互作用に分けて考えることで，容易に理解することができる．CH$_2$ラジカルの内殻C1sを主成分とする軌道どうしの相互作用から，内殻電子の分子軌道が2つでき，それぞれに2個ずつ電子が入る．次に，CH$_2$ラジカルの2番目に安定な分子軌道（C2sとH$_2$の1s軌道がともに同位相で混じったもの）どうしが相互作用して，CC原子間が結合的な軌道と反結合的な軌道が生成し，それぞれに2個ずつ電子が入る．次に，CH$_2$ラジカルのC$2p_y$，C$2p_z$，C$2p_x$軌道をそれぞれ

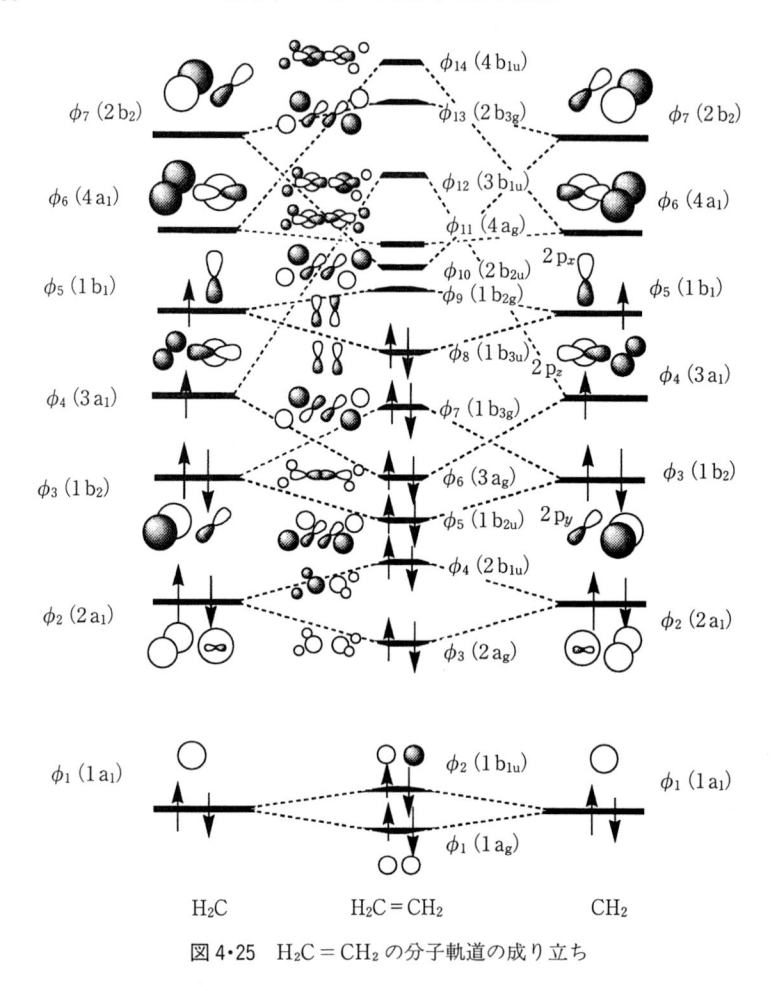

図 4・25　$H_2C=CH_2$ の分子軌道の成り立ち

主成分にもつ分子軌道が，それぞれもう一方のラジカルの同じ形の分子軌道と相互作用することにより，合計 6 個の分子軌道を形成し，下から順に残り 8 個の電子が 2 個ずつ収容されエチレン分子の電子配置が完成する．$\phi_8(1b_{3u})$ が HOMO となり，$\phi_9(1b_{2g})$ が LUMO となる．

分子軌道計算で得られた分子軌道の形を図 4・26 に示す．エネルギーが一番低い分子軌道 $\phi_1$ と 2 番目に低い分子軌道 $\phi_2$ は，主に内殻 C 1s 軌道からな

4・13 エチレン（H₂C＝CH₂）

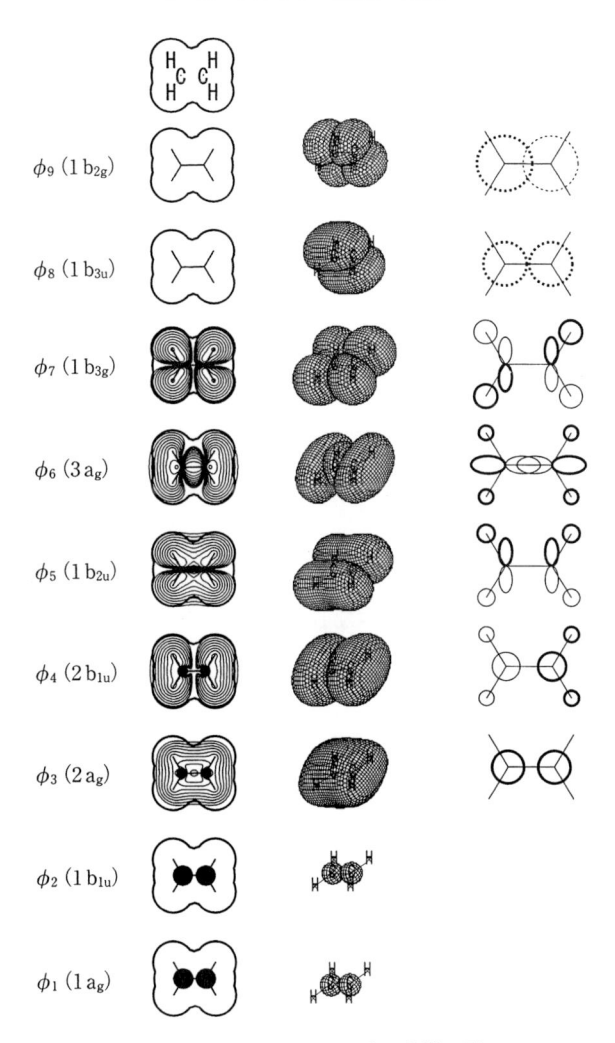

図 4・26　H₂C＝CH₂ の分子軌道の形

る．また，$\phi_3$ と $\phi_4$ では C2s 成分の寄与が大きい．$\phi_5$ と $\phi_7$ は，CH₂ ラジカルの C2$p_y$ 軌道どうしが，同位相及び反位相で混合したことにより生じたものであるので，そのことに対応して $\phi_7$ と $\phi_5$ では，CC 結合を垂直二等分する節面の有無が両者の重要な違いになっている．$\phi_6$ は，CH₂ ラジカルの C2$p_z$

を主成分とする軌道どうしが同位相で相互作用して生じ，CC原子間の$\sigma$結合を担う軌道である．$\phi_8$はC$2p_z$を主成分とする軌道どうしが同位相で相互作用した結果生じる結合性の$\pi$軌道であり，このため生じる$\pi$結合が2つのCH$_2$を同一平面に拘束するため，エチレン分子は平面状の分子となる．

## Coffee Break XIII

### 構成粒子と波動関数

本書では波動関数として電子座標の関数を考えてきたが，もちろん電子以外の構成粒子である原子核の座標も波動関数に関係している．電子の質量と比べて原子核の質量は遥かに大きいため，運動量が同じだとすると電子の方が桁違いに速く動き回る．したがって，電子の挙動を問題にするとき，原子核は静止しているとみなしてよいので，原子核の座標は固定し補助的変数（パラメータ）として扱う．多電子系の電子の取り扱いについては，例えば2電子系では電子の空間座標変数として$x_1$, $y_1$, $z_1$, $x_2$, $y_2$, $z_2$を取り扱う．すべての電子はその性質が同等であり，互いに入れ替わっても区別がつかない．このため，2個以上の同種粒子が関係する波動関数において2個の粒子の位置座標を入れ替えると，その波動関数の値の2乗は，座標を入れ替える前の波動関数の値の2乗と一致する．したがって，多数の同種粒子からなる系の波動関数は，粒子座標の交換に際して，符号が交代する（Fermi粒子）か変化しない（Bose粒子）かいずれかであり，どちらになるかは，その粒子の種類によって決まっている．電子は，粒子の交換で波動関数の符号が変わる性質があることが実験で確かめられており，この性質は電子配置の組み立てで重要なパウリの原理と関係して元素の周期律に反映されている．

## 4・14 ホルムアルデヒド (HCHO)

ホルムアルデヒド (HCHO) の分子軌道の成り立ちを，図4・27に示す．基底関数として，H原子 $(1s)^1$ の1s軌道及びC原子 $(1s)^2(2s)^2(2p)^2$ とO原子 $(1s)^2(2s)^2(2p)^4$ の1s, 2s, 2p軌道を考える．全電子数は16個であり，4・13で取り扱ったエチレンと等電子構造の化合物である．

この場合もアセチレンやエチレンなどと同様に，分子を2つの部分に分け

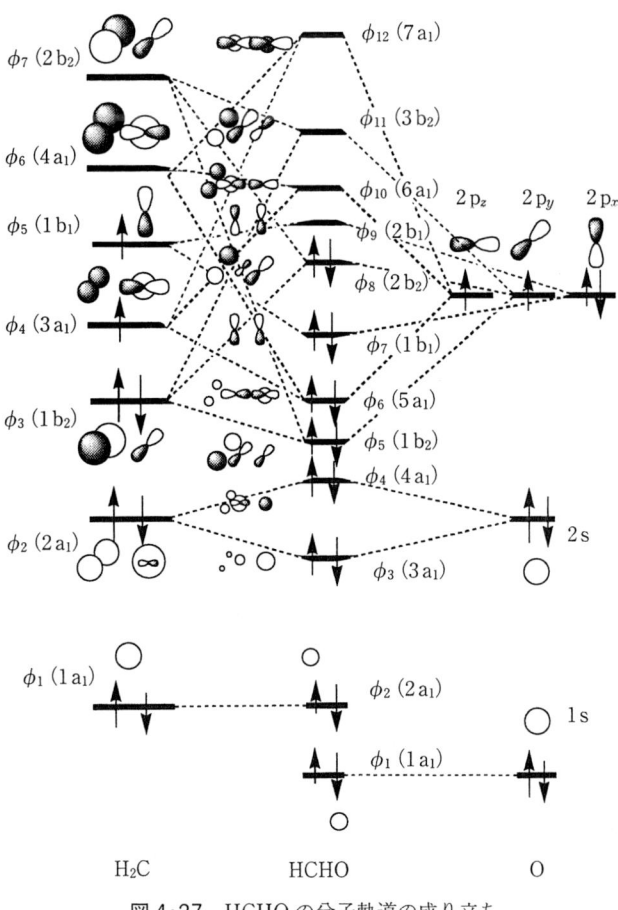

図4・27　HCHOの分子軌道の成り立ち

て分子軌道を組み立てることにして，$CH_2$ ラジカルと O 原子に分けて考える．O 原子は C 原子より陰性が強いので，O1s 軌道を主成分とする分子軌道が，HCHO の分子の最も安定な分子軌道となる．次に，$CH_2$ ラジカルの一番安定な分子軌道である C1s 軌道が，ほとんどそのまま，2 番目にエネルギー

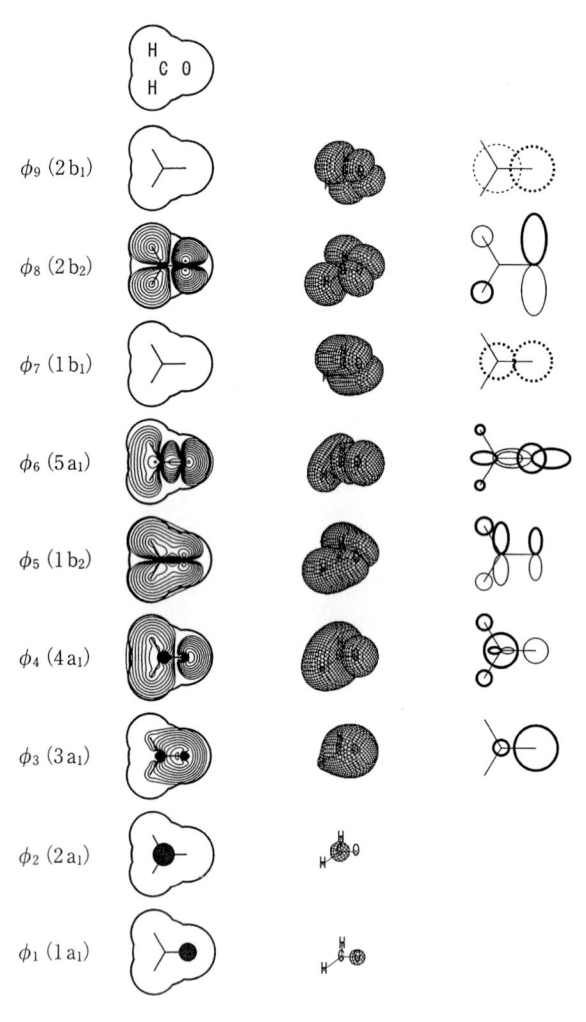

図 4・28　HCHO の分子軌道の形

## 4・14 ホルムアルデヒド (HCHO)

の低い分子軌道となる. O 2 s 軌道と CH$_2$ ラジカルの 2 番目に安定な分子軌道 (C 2 s と H$_2$ の 1 s 軌道がすべて同位相で混じったもの) との相互作用から, C 原子と O 原子の間が結合的な軌道と反結合的な軌道ができる. 前者は, CO σ 結合の担い手の 1 つとなる. CH$_2$ ラジカルの C 2 p$_y$, C 2 p$_z$, C 2 p$_x$ をそれぞれ成分にもつ分子軌道と O 2 p$_y$, O 2 p$_z$, O 2 p$_x$ との相互作用は, かなり複雑であるが, それぞれ重なり積分の値が消えてしまわない対称性の組み合わせだけに注目すると簡単になる. 対称性で消えないのは, p$_y$ は p$_y$ どうし, p$_z$ は p$_z$ どうし, p$_x$ は p$_x$ どうしの組み合わせしかない. その結果, これらの相互作用によって, 6 個の分子軌道が生じる. $\phi_6$ は CC σ 結合性, $\phi_7$ は CC π 結合性の分子軌道である. 以上の分子軌道に下から順に 2 個ずつ電子を詰めていくと, HCHO 分子の電子配置が完成する (図では CH$_2$ ラジカルの空軌道からの寄与も考慮している).

分子軌道計算で得られた分子軌道の形を図 4・28 に示す. エネルギーが一番低い分子軌道 $\phi_1$ は O 1 s 軌道であり, 2 番目に低い分子軌道 $\phi_2$ は, 主に C 1 s 軌道である. $\phi_3$ と $\phi_4$ では, O 2 s 及び C 2 s 成分が大きい. $\phi_5$ と $\phi_8$ は, CH$_2$ ラジカルの C 2 p$_y$ と O 原子の O 2 p$_y$ が, 同位相及び逆位相で混じったことにより生成したものであり, そのことに対応して $\phi_8$ と $\phi_5$ では CO の結合を垂直に二分する節面の有無の違いが生じている. (注：$\phi_8$ について図 4・28 の丸と楕円の模式図では, C 2 p$_y$ 軌道の係数が描画範囲の下限値をわずかに下回っているために描かれていない.) また $\phi_6$ は CO 結合軸方向を $z$ 軸としたときの p$_z$ 成分の同位相的相互作用に由来する軌道であるため, C 原子と O 原子の中間部分に電子密度が高い領域が現れており, これが C と O の結合に大きく寄与している. $\phi_7$ は分子平面に垂直な $x$ 軸方向の p$_x$ 軌道どうしの同位相的相互作用に由来する結合性 π 軌道であり, 分子面が節面になっている. 分子軌道 $\phi_6$ は, O 原子上で, ファンデルワールス面から C=O 結合軸方向に分子の外側へ電子密度が張り出している. このことを精密に議論するには, より大きな基底関数を用いた計算が必要となる.

## 4・15 ベンゼン（$C_6H_6$）

やや大きな分子の例として，ベンゼン（$C_6H_6$）について，分子軌道計算で得られた分子軌道の形を図4・29に示す．ベンゼンの場合も，これまでに扱っ

$\phi_{24}$ ($1b_{2g}$)
$\pi_6$

$\phi_{23}$ ($1e_{2u}$)
$\pi_5$

$\phi_{22}$ ($1e_{2u}$)
$\pi_4$

$\phi_{21}$ ($1e_{1g}$)
$\pi_3$

$\phi_{20}$ ($1e_{1g}$)
$\pi_2$

$\phi_{19}$ ($3e_{2g}$)

$\phi_{18}$ ($3e_{2g}$)

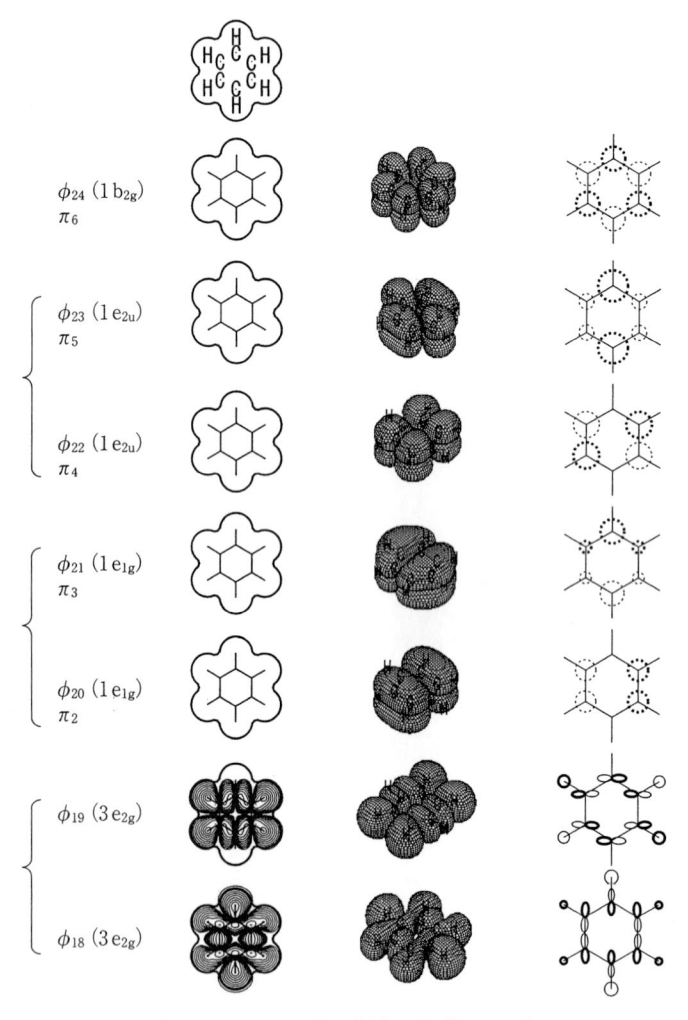

図4・29　$C_6H_6$の分子軌道の形（$\phi_{24} \sim \phi_{18}$）

4・15 ベンゼン (C$_6$H$_6$)　　　　103

$\phi_{17}$ (1 a$_{2u}$)
$\pi_1$

$\phi_{16}$ (3 e$_{1u}$)

$\phi_{15}$ (3 e$_{1u}$)

$\phi_{14}$ (1 b$_{2u}$)

$\phi_{13}$ (2 b$_{1u}$)

$\phi_{12}$ (3 a$_{1g}$)

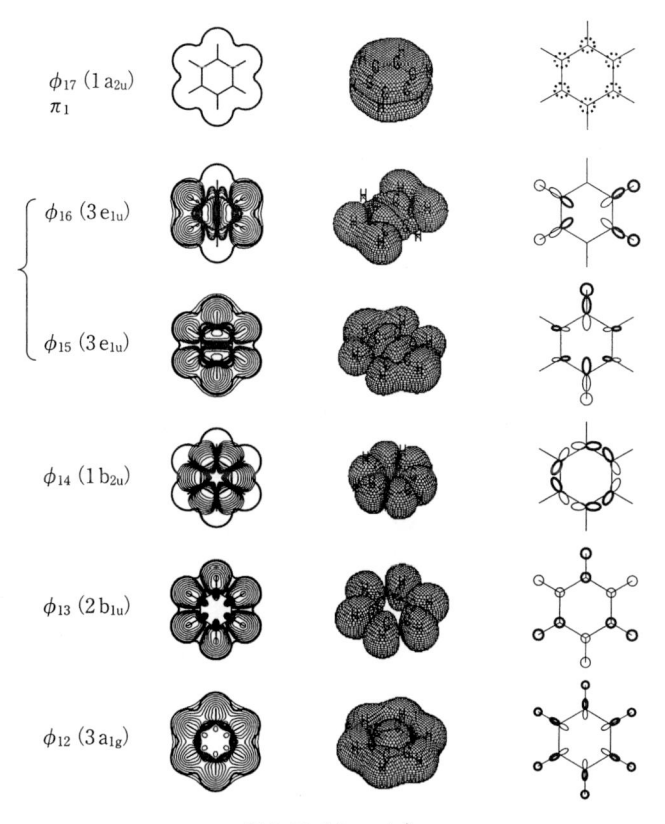

図 4・29 ($\phi_{17} \sim \phi_{12}$)

てきたのと同様に，分子をいくつかの部分に分けるなどして，定性的に分子軌道を組み立てることが可能であるが，ここでは計算の結果得られた図を眺めてみよう．

ベンゼン分子が 6 個の C 原子と 6 個の H 原子からなることを考えると，$\phi_1$ から $\phi_6$ までは，それぞれ C 1s を主成分とする軌道であることが一目でわかる．$\phi_7$ から $\phi_{11}$ までと，1 つ離れて $\phi_{13}$ は，C 2s を主成分とする分子軌道となっている．

分子面に垂直な方向を $z$ 軸とすると，C 2p$_z$ 軌道が相互作用し得るのは対称性の要請により C 2p$_z$ 軌道どうししかなく，また C 2p$_z$ 軌道は合計 6 個あ

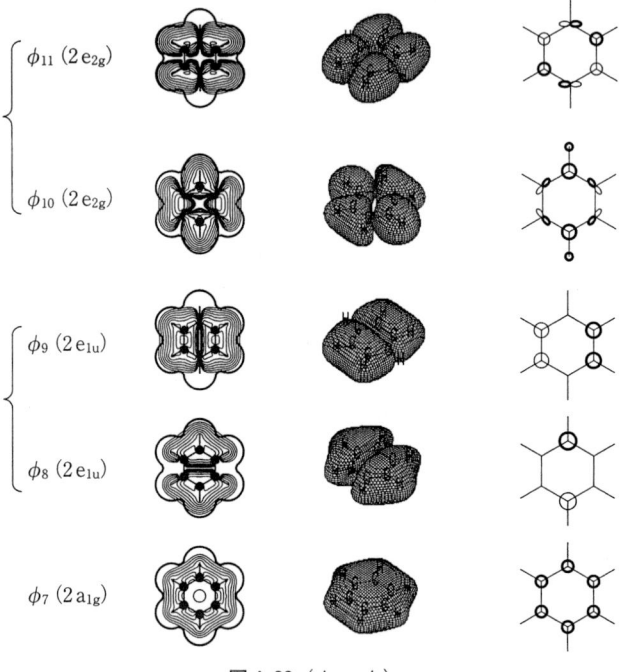

| | | | |
|---|---|---|---|
| $\phi_{11}$ ($2e_{2g}$) | | | |
| $\phi_{10}$ ($2e_{2g}$) | | | |
| $\phi_9$ ($2e_{1u}$) | | | |
| $\phi_8$ ($2e_{1u}$) | | | |
| $\phi_7$ ($2a_{1g}$) | | | |

図 4・29 ($\phi_{11} \sim \phi_7$)

るので,それらの線形結合によって分子の面外方向に広がった電子分布をもつ π 軌道が 6 個生じる.ベンゼンの総電子数は 42 個であり,$42 \div 2 = 21$ 番目の軌道に相当する $\phi_{21}$ が HOMO (実際には $\phi_{20}$ も $\phi_{21}$ と縮重しており HOMO である) となる.したがって,$\phi_{21}$,$\phi_{20}$,$\phi_{17}$ に入っている電子合計 6 個が π 電子である.これらの π 電子はベンゼン分子のファンデルワールス面から上下方向に大きく張り出している.

## 4・15 ベンゼン ($C_6H_6$)

$\phi_6$ (1$b_{1u}$)

$\begin{cases} \phi_5 \text{ (1}e_{2g}\text{)} \\ \\ \phi_4 \text{ (1}e_{2g}\text{)} \end{cases}$

$\begin{cases} \phi_3 \text{ (1}e_{1u}\text{)} \\ \\ \phi_2 \text{ (1}e_{1u}\text{)} \end{cases}$

$\phi_1$ (1$a_{1g}$)

図 4・29 ($\phi_6 \sim \phi_1$)

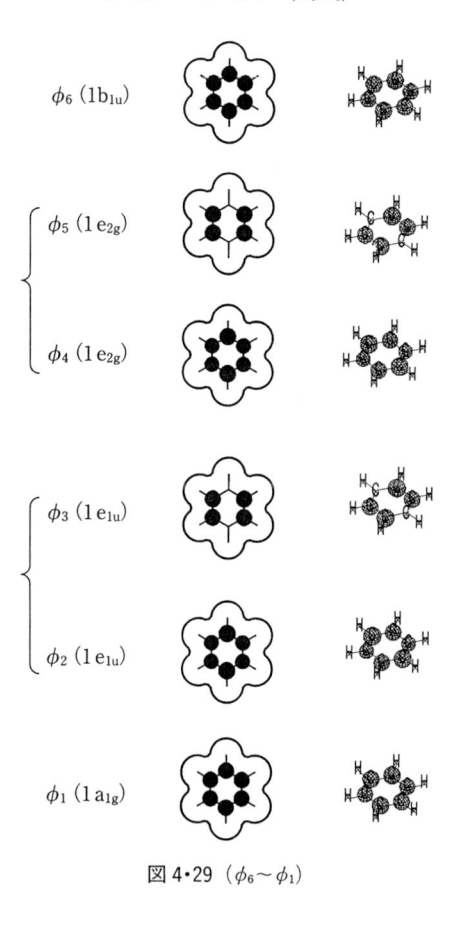

## Coffee Break XIV

### 分子軌道の世界

　第4章では，簡単な考察に基づいて分子軌道を組み立てながら分子軌道の図を眺めてきた．実際に計算機を用いて分子軌道を計算すると，その結果は，各分子軌道について原子軌道の係数を表す一群の数値リストとして得られる．このリストの数値の符号と大きさをていねいに調べることによって，それぞれの分子軌道がどのような原子軌道成分から成るか，どの原子間に結合性があるかなど，詳細に知ることができる．この係数を参照すると，どの原子上にどれだけ電子が集まっているか（ポピュレーションという）を調べることもできる．また，プログラムを作れば，本書で示したような分子軌道の模式図や電子密度図を作成することができる．分子軌道のエネルギーは，光電子分光法で調べられるイオン化エネルギーと比べることができる．

　全電子密度の空間分布は，X線構造解析で得られる実験データと比較することができる．個々の分子軌道の電子分布は，(e, 2 e) 電子分光法やペニングイオン化電子分光法の実験結果と比べてみると面白い．

　分子軌道計算のプログラムに関心のある読者は，「Gaussian」や「Gamess」をキーワードにして，インターネットの検索機能を利用して調べてみるとよい．分子軌道計算結果のグラフィックスに関心のある人は「Molden」を調べてみるとよい．

## さらに勉強したい人たちのために

本書で扱った量子化学の基礎をしっかりと学ぶには，以下の本がよい．
［1］　原田義也：『基礎化学選書12　量子化学』（裳華房，1978）
　数式をていねいに追いながら，量子力学の基本と簡単な分子までの応用に詳しい．
［2］　大野公一：『量子物理化学』（東京大学出版会，1989）
　量子化学の基礎と応用の重要事項を現代的視点でまとめてあり演習問題が豊富．
［3］　大野公一：『量子化学』（岩波書店，1996）
　量子化学の基礎と化学の重要問題への応用を［2］より精選してていねいに解説．
［4］　近藤保，真船文隆：『化学新シリーズ　量子化学』（裳華房，1997）
　［1］より題材を絞って基本的数式を丹念に辿り分子分光への応用も記述．
［5］　藤川高志：『化学サポートシリーズ　化学のための 初めてのシュレーディンガー方程式』（裳華房，1996）
　化学サポートシリーズの1冊．シュレーディンガー方程式の理解と応用についてていねいに解説．

量子化学で陥り易い問題点に意を砕いた解説書として以下の2冊が優れている．
［6］　阿武聰信：『量子化学　基礎の基礎』（化学同人，1996）
［7］　藤永　茂：『入門分子軌道法』（講談社，1990）

分子軌道法の基礎と応用を詳しく学ぶには，[5]及び以下の3冊がよい．
- [8] 吉田政幸：『分子軌道法をどう理解するか』（東京化学同人，1979）
- [9] 井本 稔：『分子軌道法を使うために』（化学同人，1986）
- [10] 廣田 穰：『化学新シリーズ　分子軌道法』（裳華房，1999）

以下の本は，研究者が実際の問題に量子化学を応用するときに参考になる．
- [11] 米澤貞次郎，永田親義，加藤博史，今村詮，諸熊奎治：『三訂　量子化学入門（上，下）』（化学同人，1983）
- [12] James B. Foresman, Æleen Frisch 著，田崎健三 訳：『電子構造論による化学の探究』（ガウシアン社，1993）
- [13] 大澤映二 編，木原寛，内田希，生田茂 著：『計算化学シリーズ　分子軌道法』（講談社，1994）
- [14] 大澤映二 編，大澤映二，平野恒夫，本多一彦 著：『計算化学シリーズ　計算化学入門』（講談社，1994）

分子軌道を図で学ぶ参考書としては，以下の本がある．
- [15] 鐸木啓三，菊池修：『化学 One Point 7　電子の軌道』（共立出版，1984）
- [16] 時田澄男：『実例パソコン　目で見る量子化学』（講談社，1987）
- [17] 細矢治夫：『絵とき量子化学入門』（オーム社，1993）

分子軌道の分類にも利用される群論をしっかりと理解するためには，以下の本がよい．
- [18] 藤永茂，成田進：『化学や物理のための やさしい群論入門』（岩波書店，2001）
- [19] 中崎昌雄：『分子の対称と群論』（東京化学同人，1973）

# 索　引

## ア
アセチレン　92
アンモニア　87

## イ
イオン化エネルギー　19, 44
一重項状態　72
1対1軌道間相互作用　40
1対1軌道混合則　54
一酸化炭素　82

## エ
STM　61
エチレン　95
エネルギー準位　5
エネルギー準位図　5

## オ
OHラジカル　73
オービタル　4

## カ
化学結合　2, 15
角度依存性　50
重なり　37
重なり積分　37
重ね合わせ　14, 31
価電子　39
干渉効果　30

干渉作用　14

## キ
規格化　11
規格化因子　11
規格化条件　48
基底関数　36
基底状態　10
軌道エネルギー　44
軌道関数　8, 11
軌道間相互作用　40
軌道混合則　54
逆位相　14, 53
逆符号　41, 42
極座標　48

## ク
空間分布　8
空軌道　68
クープマンスの関係式　44
クーロン力　2, 3, 22

## ケ
係数　31, 106
結合性軌道　32, 52
結合的　42
結合の次数　82
結合力　30
原子核　2
原子価電子　39
原子軌道　4

原子軌道関数　15, 46
原子単位　13
原子番号　2, 22

## コ
構造最適化　55
光電効果　44
光電子スペクトル　44, 78, 83
光電子分光法　44
孤立電子対　78, 88
混成軌道　33, 79
混成効果　34, 43

## サ
最外殻　21
最外殻電子　39
差電子密度　32
三重項状態　72

## シ
シアン化水素　84
CHラジカル　65
$CH_2$ラジカル　69
磁気量子数　9
遮蔽効果　24
周期性　19, 24
縮重　9
主量子数　3
シュレーディンガー方程式　5

# 索引

## ス

水素化リチウム 58
水素原子 12, 46
水素分子 32, 52
スピン 10

## セ, ソ

節面 8
線形結合 31
── の係数 32
SOMO 67

## タ, チ

対称性 39, 43, 75
多重結合 33
窒素 79

## テ

電気陰性度 27
電気的極性 60
電子 2
電子殻 4
電子親和力 21
電子対 68
電子波 14, 28
電子配置 10, 19
電子分布 23, 28, 30, 50, 60
電子ボルト 6, 20
電子密度 8, 18

## ト

同位相 14, 52
動径分布 7, 50
等高線 15
等高線図 47
等値曲面図 46
等電子構造 82
同等性の原理 43
同符号 41, 42

## ナ, ニ

内殻電子 39
2対1軌道間相互作用 41
2対1軌道混合則 55

## ハ

$\pi$ 軌道 32
パウリの原理 10, 98
波動関数 8, 98
反結合性軌道 32, 53
反結合的 42
反結合力 31
反応性 68

## ヒ

非共有電子対 78
ビラジカル 68

## フ

ファンデルワールス面 54
符号 12, 16, 38, 98
節 8
不対電子 63, 68
フッ化水素 62

## ヘ

分子軌道 5
── の係数 43

## ヘ

ペニングイオン化電子分光法 61
ベンゼン 102

## ホ

方位量子数 9
方向依存性 12
ボーア半径 13, 46
ポピュレーション 106
HOMO 59
ホルムアルデヒド 99

## ミ, メ

水 76
メタン 90
メチレン 69

## ユ, ヨ

有効核電荷 24
陽子 2

## ラ, リ

ラジカル 68
ルイスの電子式 78
LUMO 60

### 著者略歴

**大野公一**
　東京大学理学部化学科卒, 同大学大学院理学系研究科修了, 同大学助手・助教授・教授, 東北大学理学部教授, 同大学大学院理学研究科教授を歴任. 東北大学名誉教授

**山門英雄**
　東京大学理学部化学科卒, 総合研究大学院大学数物科学研究科修了, 東京大学助手, 東北大学大学院理学研究科助手, 和歌山大学システム工学部准教授などを経て現在, 和歌山大学システム工学部教授

**岸本直樹**
　京都大学工学部合成化学科卒, 東北大学大学院理学研究科修了. 同大学助手・講師を経て現在, 同大学大学院理学研究科准教授

化学サポートシリーズ
図説 量子化学 — 分子軌道への視覚的アプローチ —

| | |
|---|---|
| 2002年11月10日 | 第1版 発行 |
| 2013年2月20日 | 第5版1刷発行 |
| 2025年8月20日 | 第5版8刷発行 |

検印省略

定価はカバーに表示してあります.

| | |
|---|---|
| 著　者 | 大野公一<br>山門英雄<br>岸本直樹 |
| 発行者 | 吉野和浩 |
| 発行所 | 東京都千代田区四番町8-1<br>電話 東京 3262-9166(代)<br>郵便番号 102-0081<br>株式会社 裳華房 |
| 印刷製本 | (株)デジタルパブリッシングサービス |

増刷表示について
2009年4月より「増刷」表示を「版」から「刷」に変更いたしました. 詳しい表示基準は弊社ホームページ
http://www.shokabo.co.jp/
をご覧ください.

一般社団法人
自然科学書協会会員

JCOPY〈出版者著作権管理機構 委託出版物〉
本書の無断複製は著作権法上での例外を除き禁じられています. 複製される場合は, そのつど事前に, 出版者著作権管理機構(電話03-5244-5088, FAX03-5244-5089, e-mail:info@jcopy.or.jp)の許諾を得てください.

ISBN 978-4-7853-3408-6

Ⓒ 大野公一, 山門英雄, 岸本直樹, 2002　Printed in Japan

## 物理化学入門シリーズ　　各A5判

物理化学の最も基本的な題材を選び，それらを初学者のために，できるだけ平易に，懇切に，しかも厳密さを失わないように，解説する．

## 化学結合論
中田宗隆 著　192頁／定価 2310円（税込）

化学結合を包括的かつ系統的に楽しく学べる快著．
【主要目次】1. 原子の構造と性質　2. 原子軌道と電子配置　3. 分子軌道と共有結合　4. 異核二原子分子と電気双極子モーメント　5. 混成軌道と分子の形　6. 配位結合と金属錯体　7. 有機化合物の単結合と異性体　8. π結合と共役二重結合　9. 共有結合と巨大分子　10. イオン結合とイオン結晶　11. 金属結合と金属結晶　12. 水素結合と生体分子　13. 疎水結合と界面活性剤　14. ファンデルワールス結合と分子結晶

## 化学熱力学
原田義也 著　212頁／定価 2420円（税込）

初学者を対象に，化学熱力学の基礎を，原子・分子の概念も援用してわかりやすく丁寧に解説．
【主要目次】1. 序章　2. 気体　3. 熱力学第1法則　4. 熱化学　5. 熱力学第2法則　6. エントロピー　7. 自由エネルギー　8. 開いた系　9. 化学平衡　10. 相平衡　11. 溶液　12. 電池

## 量子化学
大野公一 著　264頁／定価 3190円（税込）

量子化学の基礎となる考え方や技法を，初学者を対象に丁寧に解説．
【主要目次】1. 量子論の誕生　2. 波動方程式　3. 箱の中の粒子　4. 振動と回転　5. 水素原子　6. 多電子原子　7. 結合力と分子軌道　8. 軌道間相互作用　9. 分子軌道の組み立て　10. 混成軌道と分子構造　11. 配位結合と三中心結合　12. 反応性と安定性　13. 結合の組換えと反応の選択性　14. ポテンシャル表面と化学　付録

## 反応速度論
真船文隆・廣川 淳 著　236頁／定価 2860円（税込）

反応速度論の基礎から反応速度の解析法，固体表面反応，液体反応，光化学反応など，幅広い話題を丁寧に解説した反応速度論の新たなるスタンダード．
【主要目次】1. 反応速度と速度式　2. 素反応と複合反応　3. 定常状態近似とその応用　4. 触媒反応　5. 反応速度の解析法　6. 衝突と反応　7. 固体表面での反応　8. 溶液中の反応　9. 光化学反応

## 化学のための数学・物理
河野裕彦 著　288頁／定価 3300円（税込）

背景となる数学・物理を適宜習得しながら，物理化学の高みに到達できるよう構成した．
【主要目次】1. 化学数学序論　2. 指数関数，対数関数，三角関数　3. 微分の基礎　4. 積分と反応速度式　5. ベクトル　6. 行列と行列式　7. ニュートン力学の基礎　8. 複素数とその関数　9. 線形常微分方程式の解法　10. フーリエ級数とフーリエ変換　—三角関数を使った信号の解析—　11. 量子力学の基礎　12. 水素原子の量子力学　13. 量子化学入門　—ヒュッケル分子軌道法を中心に—　14. 化学熱力学

裳華房ホームページ　https://www.shokabo.co.jp/